DECIPHERING SCIENCE SERIES
破译科学系列

王志艳◎编著

探秘太阳系
未解之谜

科学是永无止境的
它是个永恒之谜
科学的真理源自不懈的探索与追求
只有努力找出真相，才能还原科学本身

延边大学出版社

图书在版编目（CIP）数据

探秘太阳系未解之谜 / 王志艳编著. —延吉：延边大学出版社，2012.6（2021.6重印）
（破译科学系列）
ISBN 978-7-5634-4941-5

Ⅰ．①探… Ⅱ．①王… Ⅲ．①太阳系－普及读物 Ⅳ．①P18-49

中国版本图书馆CIP数据核字（2012）第135344号

探秘太阳系未解之谜

编　　著：王志艳
责任编辑：李东哲
封面设计：映像视觉
出版发行：延边大学出版社
社　　址：吉林省延吉市公园路977号　邮编：133002
电　　话：0433-2732435　传真：0433-2732434
网　　址：http://www.ydcbs.com
印　　刷：永清县晔盛亚胶印有限公司
开　　本：16K　165×230毫米
印　　张：12印张
字　　数：200千字
版　　次：2012年6月第1版
印　　次：2021年6月第3次印刷
书　　号：ISBN 978-7-5634-4941-5
定　　价：38.00元

版权所有　　侵权必究　　印装有误　　随时调换

探秘太阳系未解之谜

前言 Foreword

从古至今,人类对太阳系的探索从未止步。从屈原的《天问》到张衡的浑天仪;从刻在岩石上的远古月相图到古玛雅人令人惊叹的太阳历,浩瀚的星空牵动着多少人无尽的思绪,日月的运行,吸引着多少先贤探寻的脚步。太阳系星群的产生、月球起源之谜、月球真的绕着地球转吗,黑洞怎么回事,恒星是怎么产生的,神秘天体绕太阳运行是怎么回事,火星上有金字塔吗,不断的天外来客是真的吗?

人类对太阳系的未知从未减少,浩瀚星空的秘密超乎人类的想象,人类对太阳系的探索总是了解越多,未知越多。数千年的漫漫求索,从未消减我们前行的勇气,现代科学技术的发展激励我们向未知领域扬帆远航。如今,人类不但实现了飞天揽月的伟大梦想,还可以撩开众多星体的面纱,探听生命的讯息。可以说,对太阳系的探索,每一个脚印都弥足珍贵,每一次发现都令我们欣喜不已,而每一次发现又带给我们更多的想象空间和更多的未解之谜。面对科学家的艰辛劳动,面对科学界一个又一个全新的科研成果,我们有理由相信:人类一定会不断地破解一个又一个太阳系未解之谜!我们期待着那一天。

本书的编写,是为了满足广大青少年朋友对太阳系知识的渴求和探索,我们倾情奉献这本有关太阳系未解之谜方面的探索书籍,力图使广大青少年能够在阅读本书的同时,感受浩瀚星空的奥妙与神秘,并树立向科学进军的远大志向。

本书在编写过程中,参考了大量相关著述,在此谨致诚挚谢意。此外,由于时间仓促加之水平有限,书中存在纰漏和不成熟之处自是难免,恳请各界人士予以批评指正,以利再版时修正。

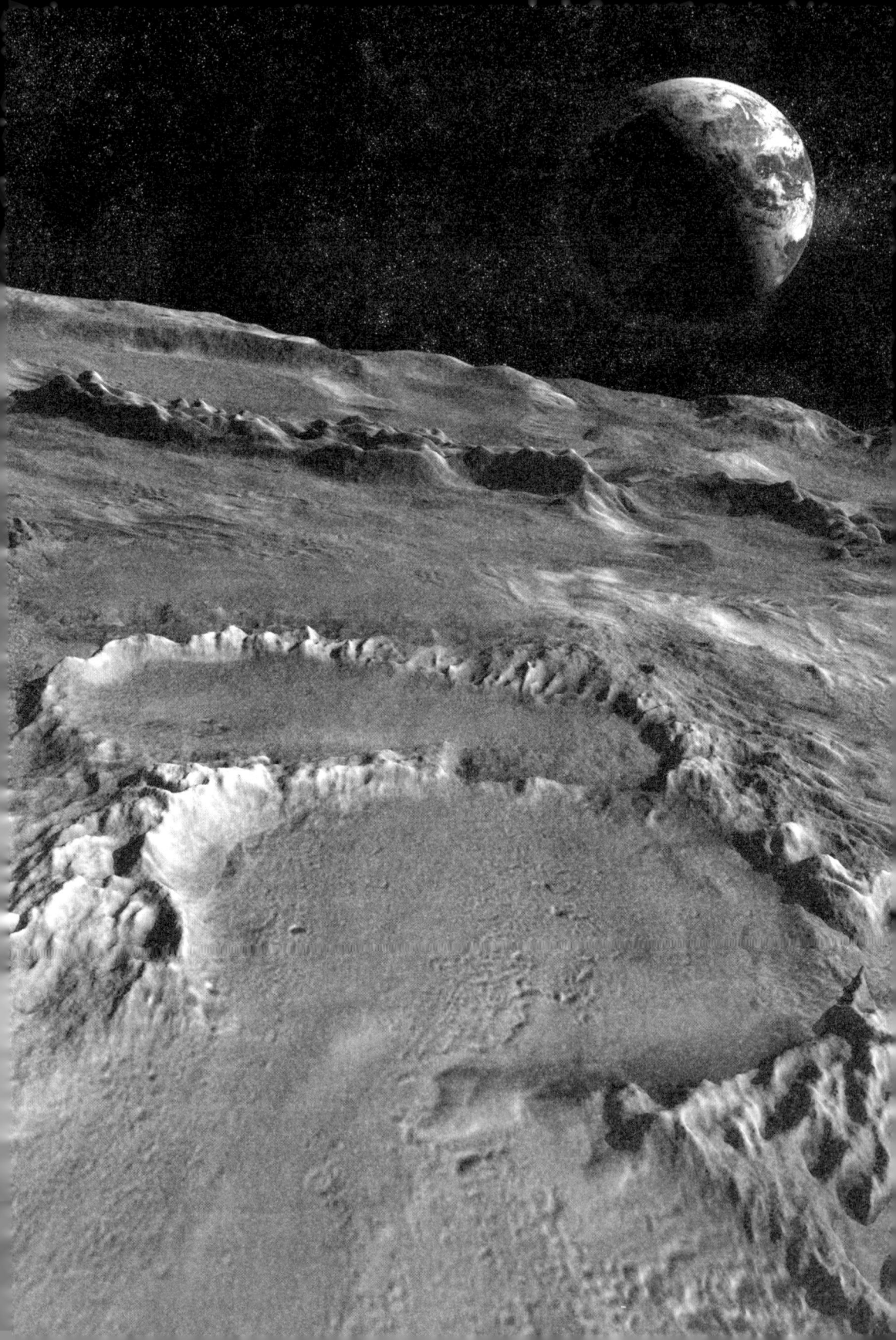

目录 CONTENTS

太阳系来源之谜　//1

太阳的起源之谜　//2

太阳上到底有多少种元素　//5

太阳的年龄和能量之谜　//6

太阳黑子之谜　//9

太阳的寿命之谜　//12

太阳正在熄灭吗　//14

太阳中微子到哪里去了　//17

球形闪电是何物　//21

日月并行之谜　//24

扑朔迷离的复仇星之谜　//25

是什么使太阳系中的行星在旋转　//30

太阳个数之谜　//31

太阳会在夜里出现吗　//32

如果太阳突然消失，人类多久才能感知　//33

金星之谜　//34

卓尔金星之谜　//38

金星上有生命吗　//40

金星逆向自转之谜　//43

金星上有海洋吗　//44

木星起源的奥秘　//45

光怪陆离的木星大气之谜　//47

木星会变成太阳吗　//48

探秘太阳系未解之谜
TANMITAIYANGXIWEI JIEZHIMI

木星究竟是恒星还是行星 //50

木卫二上可能存在生命吗 //53

水星内核之谜 //54

水星冰山之谜 //56

水星自转周期之谜 //58

水星有卫星吗 //60

"火神星"失踪之谜 //61

火星大气之谜 //64

为什么要警惕火星生命入侵地球 //65

曾有"火星人"建造了金字塔吗 //66

火星上曾是一片汪洋吗 //67

火星发出强大激光的谜团 //68

火星上的标语之谜 //69

火星适宜居住吗 //70

火星"运河"之谜 //71

火星有卫星吗 //76

土星的卫星之谜 //77

土卫六像40亿年前的地球吗 //79

土星及其卫星上有生命吗 //84

天王星为什么躺在轨道内部旋转 //86

海王星是颗什么样的星球 //88

海王星的发现之谜 //89

地球伴星之谜 //91

目录 CONTENTS

星球在天上会乱跑吗 //93

奇异的物质和光束之谜 //95

行星为何有光环 //99

太阳系还有大行星吗 //104

行星的运动轨道是椭圆的吗 //106

彗星来自何处 //109

彗星会撞地球吗 //112

彗核是"脏雪球"吗 //113

真有陨冰吗 //115

彗星的活动与地球怪象有关吗 //118

小行星会再撞地球吗 //121

太阳系有第二条小行星带吗 //124

地球起源假说 //125

地球生命起源之说 //126

探索地球生命出现的时间 //127

地球里面是什么 //128

火山喷发有规律吗 //129

为何地球上有伤口 //130

美洲大陆是谁最早发现的 //131

撒哈拉的雨蒸风和沙暴之谜 //132

地震成因的假说 //133

地球的变动之谜 //134

地球的南北磁极互换之谜 //139

探秘太阳系未解之谜
TANMITAIYANGXIWEI JIEZHIMI

地球年龄之谜　//141
地球的自转速度不稳定之谜　//143
外星人真的来过地球吗　//145
月球起源之谜　//147
月球年龄之谜　//149
月球岩石年龄之谜　//153
月球上的陨石年龄考探　//155
地球的第二颗卫星之谜　//156
月球上发现水了吗　//160
月球上的智能动物之谜　//163
美丽的"月宫"之谜　//166
月球轰炸机之谜　//169
月面"金字塔"之谜　//170
月球背面有些什么　//175
月球废墟之谜　//177
月球上能看到长城吗　//179
探究月食之谜　//180
月球是空心的吗　//182

太阳系来源之谜

自从哥白尼的日心说宣告了太阳系的存在以来。人们经常在问：我们的太阳系是本来就有的吗？它有没有形成和演化的历史？

早在1644年，法国大哲学家笛卡儿在《哲学原理》一书里就最早提出了原始太阳星云的概念，猜测太阳系是太初混沌之时物质微粒在宇宙旋涡中逐渐形成的。原初物质在各种大小涡流中因摩擦而变得匀滑，落入旋涡中心的原始物质形成了太阳；而被涡流俘获的原初物质则形成了地球和其他行星；卫星在次级涡流中生成；较细的残余微粒形成了透明的天空。笛卡儿的"以太旋涡说"是近代第一个关于太阳系起源的星云假说。

1745年，法国博物学家布丰出版了《一般的和特殊的自然史》一书，其中提到行星形成的第一个"灾变说"。那年曾有一颗大彗星运行到离太阳仅23万千米的地方，几乎同太阳"擦肩而过"。当时的人们都以为太阳是一块烧红了的大石头。后来成为法国皇家植物园园长的布丰因而突发奇想，设想有一颗大彗星在多少年前曾掠碰了固态太阳的边缘，撞出的炽热物质最后冷凝成了行星和卫星，于是有了太阳系。

布丰以来的二百多年间，太阳系起源问题一直是科学界最为困惑而又最具魅力的谜团之一。围绕这一问题学派林立，五花八门的假说有近百种，理论的钟摆一直在笛卡儿星云说和布丰灾变说之间摆来摆去，众说纷纭，莫衷一是。虽然各种学说都有一定的观测依据和某种理论背景，某些说法也已经为今天的多数天文学家所接受，但至今还没有一个学说能完美地说明太阳系的所有特征而获得科学界的共识，令人惊奇的是这种情况不仅没有使人气馁，反而持续激起了一浪高过一浪的"太阳家族寻根热"。

探秘太阳系未解之谜

太阳的起源之谜

清晨，当你站在茫茫大海的岸边或登上五岳之首的泰山，眺望东方冉冉升起的一轮红日时，一种蓬勃向上的激情会从心底油然而生。人们热爱太阳，崇拜太阳，赞美太阳，把太阳看做是光明和生命的象征。"雨露滋润禾苗壮，万物生长靠太阳"。这句话道出了人和地球上的生命离不开太阳。可是太阳是怎么来的呢？

太阳在人类生活中是如此的重要，以致人们一直对它顶礼膜拜。中华民族的先民把自己的祖先炎帝尊为太阳神。印度人认为，当第一道阳光照射到恒河时，世界才开始有了万物。而在希腊神话中，太阳神被称为"阿波罗"。他是天神宙斯的儿子，他高大英俊，多才多艺，同时还是光明之神、医药之神、文艺之神、音乐之神、预言之神。他右手握着七弦琴，左手托着象征太阳的金球。

要了解太阳的起源，就必须了解地球的起源，因为地球和太阳的起源是分不开的。历史上第一个科学地解释地球和太阳系起源问题的是康德和拉普拉斯两位著名学者，他们认为太阳系是由一个庞大的旋转着的原始星云形成的。原始星云是由气体和固体的微粒组成，它在自身引力作用下不断收缩。星云体中的大部分物质聚集成质量很大的原始太阳。

与此同时，环绕在原始太阳周围的稀疏物质微粒旋转加快，便向原始太阳的赤道面集中，随着密度逐渐增大，在物质微粒间相互碰撞和吸引的作用下渐渐形成团块，大团块再吸引小团块就形成了行星。行星周围的物质按同样的过程形成了卫星。这就是康德—拉普拉斯星云说。

星云说认为，地球不是上帝创造的，也不是在某种巧合或偶然中产生的，而是自然界矛盾发展的必然结果。通过唯物主义观点，用物质的运动来

△ 太阳系是个大家庭

说明天体的演化，星云假说起了很大的作用。

　　然而由于历史条件的限制，这个星云说也存在一些问题，但他认为整个太阳系包括太阳本身在内，是由同一个星云主要是通过万有引力作用而逐渐形成的这个根本论点，在今天看来仍然是正确的。

　　关于地球和太阳系起源还有许多假说，如碰撞说、潮汐说、宇宙大爆炸说等。自20世纪50年代以来，这些假说受到越来越多的人的质疑，星云说又跃居统治地位。许多天文学家对地球和太阳系的起源不仅进行了一般理论上的定性分析，还定量地、较详细论述了行星的形成过程，他们都认为地球和太阳系的起源是原始星云演化的结果。

　　原始星云在万有引力作用下继续收缩，同时旋转加快，形状变得越来越扁，逐渐在赤道面上形成一个"星云盘"。组成星云盘的物质可分为"土物质"、"水物质"、"气物质"，这些物质在万有引力作用下，又不断收缩和聚集，形成许多"星子"。星子又不断吸积、吞并，中心部分形成原始太阳，在原始太阳周围形成了"行星胎"。原始太阳和行星胎进一步演化，形成太阳和行星，进而形成整个太阳系。

太阳处于太阳系的中心，是太阳系的主宰。它的质量占太阳系总质量的99.8%。所以，它有足够强大的吸引力，带领它大大小小的家族成员围着自己不停地旋转。

太阳是我们唯一能观测到表面细节的恒星。我们直接观测到的是太阳的大气层，它从里向外分为光球、色球和日冕三层。虽然就总体而言，太阳是一个稳定、平衡、发光的气体球，但它的大气层却处于局部的激烈运动之中。如：黑子群的出没、日珥的变化、耀斑的暴发等。太阳活动现象的发生与太阳磁场密切相关。太阳周围的空间也充满从太阳喷射出来的剧烈运动着的气体和磁场。

天文学上太阳的符号是☉，它象征着宇宙之卵，是生命的源泉。

目前太阳的功能还没有尽失，还会保持相当久远的时间。可是总有一天太阳也会熄灭而且解体，但是，在太阳的这个位置上还会产生超新星，就是新太阳了，还会生成很多新的行星，还会产生人类这种生命。新太阳太热时，人类的产生会在远离太阳的行星上，新太阳变凉时，人类的产生就会在离太阳较近的行星上。

随着科技的进步，人们对地球和太阳系起源的认识已经达到了相当深的程度，但是这种认识还很不完善，仍然存在着许多疑点和问题，有待我们进一步去探索和研究。

太阳上到底有多少种元素

1868年8月18日,印度发生了一次日全食。法国经度局研究员、米顿天体物理天文台台长詹森为了抓住这千载难逢的观测机会,特意带着他的考察队专程赶往印度观测,希望弄清日珥现象产生的原因。他在观测日全食时发现太阳的谱线中有一条黄线,并且是单线。而钠元素的谱线是双线,所以詹森肯定它不是早就发现的那种钠元素,第二天的观测也证实了这一点。

詹森把太阳中存在又一新元素的重大发现写信通知了巴黎科学院,1868年10月26日这一天,詹森收到了另一封内容相同的信,那是英国皇家科学院太阳物理天文台台长洛克耶寄来的。两个著名科学家不约而同地发现,使人们确认了这是一个新元素。这就是在地球上发现的第一个太阳元素——氦。后来,人们在地球上也发现了氦元素。

在1869年和1870年,科学家们又进行了两次日全食观测,人们又发现了一条绿色的谱线,天文学家们证实这也是一种新元素,并给它命名为"氪",但这个元素后来没有被列入化学元素周期表。瑞士光谱学家艾德伦经过七十多年的研究,发现"氪"不过是一种残缺的铁原子——铁离子。它是失去9至14个电子的铁,是一种极其特殊的环境下的铁。

经过长期的观测,科学家们发现,太阳上元素最多的是氢和氦,比较多的元素有氧、碳、氮、氖、镁、镍、硫、硅、铁、钙10种,还有六十多种含量极其稀少的元素。到20世纪80年代,科学家们认定的太阳上有73种元素。此外还可能有从氢到氡19种元素存在,其中包括9种放射性元素。

太阳上到底有多少种元素,相信随着探测技术的进步,这个谜很快就能解开。

探秘太阳系未解之谜

太阳的年龄和能量之谜

《圣经》中记载：上帝说要有光，于是宇宙中就充满了光明。上帝认为要有日月星辰，天空中就出现了太阳、月亮和群星。此后，上帝又创造出人类的鼻祖——亚当和夏娃，以及形态各异的动植物。

无神论者对上帝创造宇宙最有名的批驳是：为什么在日月星辰这些发光体诞生前光就存在了，光是谁发出的，太阳系的年龄究竟有多大？

我们知道，树的年龄可以从年轮的条纹数来确定；马的年龄可以从它们的牙齿来数出，如果太阳系中也存在与上述类似的有助于确定其年龄的某些标志或迹象，我们就能够知道太阳系的年龄。1847年，德国物理学家迈尔提出"能量守恒定律"。能量既不能无中生有，也不会凭空消失，它只有从一种形式转化为另一种形式。

那么，太阳的能量是从哪儿来的呢？

假定太阳是一大堆普通的火，而它完全由碳和氧组成，那么为了维持它目前的发光速率，这堆巨大的混合物只消几千年就会焚烧殆尽。

另一种可能是陨星撞击太阳时的动能转化成热和光。倘若事实果真如此，那么由于陨星的积累，30万年后太阳的质量就会增加1%。这样它的引力就会逐渐增强，地球的公转就会因此而变快，地球上每一年时间的长度就会比前一年缩短2秒钟。可是实际上并没有发生这样的情况。

此后，科学家设想太阳本身的物质在向中心沉落，因此太阳在不断收缩。向中心运动的能量将转化为热和光，而且太阳的质量并不改变，也不会影响地球年的长度。假定开始时太阳的物质布满了地球轨道以内的整个空间，那么经过1800万年，它就会缩成目前的大小。科学家断定，地球一定在1800万年之前就从当时那个"胖"太阳的表层物质中形成了。

然而，地质学上的许多证据却表明，某些地质变化经历的时间远远超过1800万年。这又是怎么一回事呢？

1896年，法国物理学家贝可勒尔发现了"放射性"，它与原子核的变化有关。不同的原子核拥有不同数量的质子和中子。由一种原子核变成另一种原子核的过程叫做"核反应"，由此产生的能量就是核能。

1905年，德国物理学家爱因斯坦提出了"狭义相对论"。它有一个结论：质量乃是极端集中的能量形成，很少的质量就能转化为巨大的能量。假如太阳的能量源自某种核反应，那么为了确保它像现在这样发光，就必须在每一秒钟内将460万吨物质转化为能量。这个数字听起来好像很大，但是与太阳本身的巨大质量相比却微不足道。因此太阳有生以来差不多一直就像今天一般大。

放射性还可以用来测定地球的年龄。例如任何数量的铀都要经历45亿年才会有一半衰变为铅，因此测定一块含铀岩石中有多少铅，就可以推算出组成该岩石的那些铀原子的衰变过程已经持续了多久。

现在看来固态地壳大概已经存在了46亿年。在此以前，地球可能是正在缓缓凝聚的物质，也可能以熔岩的形式存在。

太阳的年龄至少也得像地球一般大，或者还要更老一些。核能是否能在这么长的时间内始终维持太阳的光和热呢？倘若能够的话，它的核燃料又是什么，是铀的放射性衰变吗？

天文学家们在研究太阳的光谱线时发现，太阳大约有71%是氢，27%是氦，所有其他元素的含量都微乎其微。因此，太阳的能量来源必定涉及氢与氦的变化，其他任何元素的含量都太少，都不足以满足这方面的要求。

氢原子核就是一个质子。氦原子核由2个质子和2个中子组成。4个氢核可以通过"核聚变"而合成一个氦核（当然，这时就会有2个质子转变成为中子）。氢弹的能源正是这种聚变过程。如果它也是太阳的能源，那么我们就可以把太阳看成一个硕大无比而永远在爆炸着的氢弹。不过，它自身的强大引力使它不至于被炸得粉身碎骨。

如果太阳在一开始时是纯氢的，那么它大约要花200亿年的时间才能形成目前这么多的氦。不过,天体物理学家们已经证明,太阳在一开始就含有相当数量的氦,由此推算出它的年龄是50亿岁左右。

科学家估计,再过50亿年,太阳的大部分氢会聚合成较重的氦,氦需要更高的温度才能聚合成碳,因氦较重,其引力会更强,使太阳中心压力加高,当气体压力增高时,按气体定律,温度就会自动提高,当太阳大部分是氦时,其中心温度会增高到现在的10倍,达到1亿度时,氦就聚合成更重的碳,然后因引力会产生更高的温度而将碳聚合成氮。如此重演累进到氧等更重的物质,一直到铁,在高温中所有物质都成为气体。

当太阳的氦开始聚合时,它将成为一个巨大的氦原子弹而爆炸,使直径扩大了一百多倍。因膨胀过大,其表面温度反而会降低,使太阳表面的颜色从现在的高温白色变成低温的红色,成为一颗"红巨星"。一旦太阳没有热能来源时,它会开始冷却坍缩,坍缩到最后会使太阳中心具有很高的压力。高到将原子外层电子壳压溃,使电子不再在核子外旋转,电子与核子成为没有规则结构的高密度混合物,这时太阳就成为一颗"白矮星",以后渐渐冷却暗淡,成为"黑矮星"。至此,太阳的活动就彻底结束了。

如果一颗恒星有10倍太阳的质量,聚合过程中温度会升高得很快而引起"超新星爆炸",大爆炸的中心会形成一个密度极高的中子星。如果一颗恒星有太阳30倍以上的质量,大爆炸的中心则有可能形成一个黑洞。

当太阳成为一颗红巨星时,它的直径增加到现在的一百多倍。从地球上看,白天太阳几乎占满了天空,这情形是很吓人的。虽然太阳表面温度低了一些,但因太阳面积增大了几万倍,离地球又近,太阳照到地球上的能量过多使地面太热,地面的水变成蒸汽,海洋成为沙漠,人类就不可能生存了。

关于太阳年龄能量的研究还在进行,科学家的推论还必须经过实践的检验,到底太阳会不会消失,地球最后还能不能适合人类居住,一切还有待科学的进一步发展去揭开谜底。

太阳黑子之谜

太阳就像一个火球,散发着耀眼的光芒,其表面的活动现象非常复杂,也相当丰富多彩。太阳黑子是人们最早发现也是最熟悉的一种发生在太阳光球表面的活动现象。

太阳的表面并不是无瑕的,有时也会出现或多或少的黑斑,这就是太阳黑子。我国对黑子的观测源远流长。《汉书·五行志》中记载:"汉成帝河平元年三月乙未,日出黄,有黑气大如钱,居日中央。"据专家考证,乙未应为己未。这指的是公元前28年5月10日的一次大黑子,这条记录不仅说明了黑子出现的日期,还描述了黑子的大小、形状和位置。

其实,早在公元前140年前后成书的《淮南子精神训》中就有"日中有踆乌"的记载,踆乌就是黑子。甚至追溯到三千多年前的殷代,殷墟出土的甲骨文中也不乏太阳黑子的记录。

近些年来,我国天文工作者从公元前781年到公元1918年约2700年的历史典籍中,查出数百条有关黑子的记载。

欧洲人观测太阳黑子开始于意大利天文学家伽利略。1610年,伽利略用望远镜在雾霭中观察太阳,并看到了太阳黑子。与他同时使用望远镜观测太阳黑子的还有德国的赛纳尔、荷兰的法布里修斯和英国的哈里奥特。

从肉眼直接观测到使用望远镜观测,标志着人类对太阳黑子现象的研究逐渐走向科学阶段。尽管如此,那么,黑子为什么是黑的,黑子是怎样形成的?

太阳黑子看上去是黑的,实际上并不真是黑的,它们也是炽热明亮的气体,温度平均为4527℃左右,但比太阳光球温度5727℃要低多了,相形见绌,显得暗黑了。

探秘太阳系未解之谜

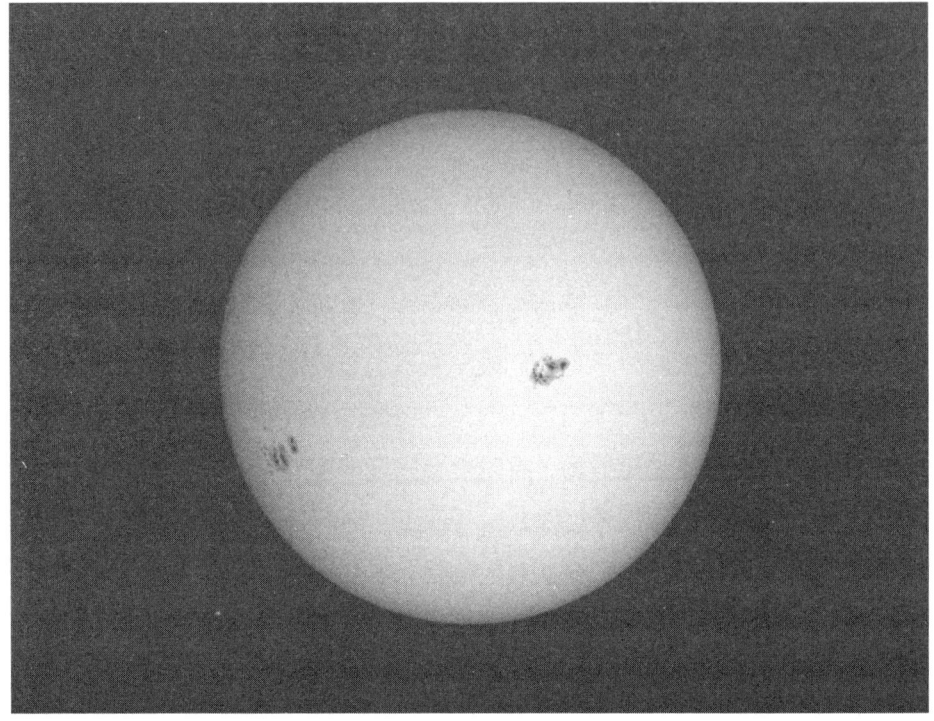

△ 太阳黑子

　　黑子的大小相差很悬殊，大的直径可达20万千米，比地球的直径还要大得多，小的直径只有1000千米。大黑子一般都由本影和半影组成。本影是黑子中间最黑暗的部分，温度只有4127℃。半影是外面一圈不太黑的部分，温度大约5227℃。较大的黑子经常是成对出现，并且周围还常常伴有一群小黑子。黑子的寿命也很不相同，最短的小黑子寿命只有两三个小时，最长的大黑子寿命大约有几十天。黑子的数目有时多，有时少。黑子大量出现的期间，还会伴随着其他一些现象出现，叫太阳活动峰年；黑子很少的期间，叫太阳活动谷年。两个峰年之间的周期平均为11年，历史上记录的最长周期达到17.1年，最短的周期只有7.3年。

　　1904年，英国的天文学家发现，在每个11年周期中，黑子先在日面中纬度地区出现，然后逐渐向低纬度方向移动，直到赤道附近。

　　那么太阳黑子的本质是什么，它们是怎样形成的？

科学家认为，太阳黑子起源于太阳内部磁场与太阳较差自转相互作用的结果。太阳自转时，太阳赤道附近的自转速度比高纬度区域的自转速度要快一些。太阳赤道附近的自转周期是25天，南北纬30°的自转周期是26.3天，纬度45°的自转周期是26.9天，被称为较差自转。由于太阳的较差自转，太阳赤道地区表面以下的磁力线就会变长。太阳自转一次磁力线就拉长一点儿，多次自转以后，磁力线就会绞在一起成为磁力线的扭结。磁力线形成扭结后，磁场强度猛增，其结果就使这些磁力线扭结从太阳的表面以下浮到了太阳的表面上。磁力线扭结的强大磁场又抑制了从下往上辐射的光和热。结果这一部分的温度就比周围低，看起来就比周围黑，太阳黑子就形成了。太阳黑子就是太阳表面的局部强磁场区。而其他形形色色的太阳活动现象，都是太阳表面活动区的强磁场与太阳大气中的电离气体相互作用的结果。

太阳黑子的活跃程度对地球也有一定影响。科学家可以通过太阳黑子的周期变化预测地震、厄尔尼诺现象等。

地球上级别较低、破坏力较小的地震是经常发生的。太阳黑子对于级别高、破坏力大的地震，特别是对其高发期的预测则显得十分重要。根据各种天文因素变化预测，2007年6月会较集中地发生几次7级以上的地震。如果发震时有较大的太阳黑子出现，则震级会相应提高，发震次数也会增加。如果在2007年11月至2008年2月有大彗星过近日点，那么这个时段及延后的一年时间里将会出现强地震高发期，8级左右地震会有多次发生。如果没有大彗星过近日点，那么这一时段7级以下地震则较多。

相关研究发现，厄尔尼诺现象的发生与太阳黑子高峰期、大彗星出现、行星、地球所处黄道面位置相关。除此以外，科学家们通过对树木年轮的研究，发现在过去的11400年里，共有31次太阳黑子活动频繁期，每次平均持续30年。其中最长的一次持续了90年。这些结论的得出有助于科学家对我们目前所处的这次黑子活动频繁期的持续时间进行推测，从而更深入地研究太阳黑子的活动对地球的影响。

探秘太阳系未解之谜

太阳的寿命之谜

我们距抬头可见的太阳,足有1.5亿千米。如果一个婴儿乘坐时速200千米的高速列车驶往太阳,到达时他已经白发苍苍,因为需要整整86年。

太阳,每天赐给我们光明,并且从很远的地方给我们送来温暖,因为有了它地球才充满生机。可以说,太阳是我们生命的源泉。

太阳是银河系里离我们最近的恒星,这颗最近的恒星相距我们1.5亿千米,这样长的距离,如果是时速1400千米的超音速飞机,也要连续飞12年才能到太阳。如果是步行,即使日夜兼程,也要走上4000年。光速是很快的,每秒即30万千米,可以绕地球七周半,但是光从太阳那里照射到地球也需要8分19秒。

如此遥远的太阳,对地球这颗行星来说却是近远适中的;如果近若金星,表面温度灼热惊人,海洋都会蒸发得滴水不剩;如果近如冥王星,只是一片冻僵的世界,无论如何也不可能成为现在的地球,不可能有生命的出现,不可能有生机盎然的世界。

地球每分钟在每平方厘米的土地上能得到太阳输送的2卡路里的热量,对整个地球来说,每分钟太阳放出相当于燃烧4亿吨煤的热量。而这么多的热量,仅仅是地球表面得到的,它只占太阳辐射出的总能量的二十二亿分之一,即使是这样,这些热量也比世界的发电量高出好几万倍。在盛夏季节,炽热的太阳还是令人望而生畏,人们会想方设法来避暑。

奥地利物理学家斯特凡总结出辐射和温度的关系,从而得知太阳表面温度达5500摄氏度,太阳中心更可高达1500万摄氏度,真令人难以想象。英国天文学家金斯是这样说明高温的惊人程度的:如果在太阳中心取别针大小的一块放在地球上来,那么站在地球150千米远的人都不能幸免于难,他会被

△ 太阳是一个燃烧的大火球，它有烧尽的那天吗

烧死。

如此炽热的天体可像团燃烧的火球，然而是什么东西可以旷日持久地燃烧达50亿年呢？据科学家推测，太阳寿命约100亿年，现在正处于中年时期，也就是说太阳光耀地照射了50亿年，这还将一如既往地照耀下去。

探秘太阳系未解之谜

太阳正在熄灭吗

"太阳将于1999年熄灭!"这是美国一位天文学家的耸人听闻预言,它公开发表在美国1994年5月17日的《世界新闻周刊》杂志上。与此同时,美国另一位著名天文学家里查德·勃雷斯博士作出与之雷同的天文预测:照亮我们天空的金色太阳不久将变得默然无光并逐渐熄灭,因为太阳已"寿终正寝",太阳这个天然大火炉中的大部分"燃料"已消耗殆尽。看来,距太阳熄灭只剩下4年时间了,一旦失去太阳。地球上的一切生命势必全部灭亡。这一令人恐慌的预言在世界科学界中引起强大震撼,许多国家的科学家正在对上述两位天文学家的这一预测结果进行验证。

最近,勃雷斯博士对太阳出现的衰变现象又作出近期详尽报告:目前,太阳表面光球层的温度正在急剧下降。通常太阳光球层的温度约为6000℃,而去年这一温度却降至5200℃,眼下这一温度值仍在继续下降,与此同时,太阳的气体成分也在发生变化,而且太阳内部核反应的强度和次数正在衰减。不久,俄罗斯天文学家宣布:他们也观测到太阳所发生的这一衰变现象。俄罗斯天文学家认为,倘若太阳仍以目前的速度"变冷",离太阳熄灭的世界末日也只有4年时间。

勃雷斯博士这一震惊世界的新发现,是基于他最近5年来对日食观测和研究所积累的全部资料作出的。他对太阳的平时温度进行了测量,并把这一温度值同太阳发生日食时的温度变化值加以比较,从而得出结论。去年,他在对太阳的观测和研究中发现,所记录下的太阳温度出现多次下降趋势。1995年7月间,太阳表面层发生的变化仅用肉眼就能明显地观察到。目前,太阳光逐渐减弱,其日冕温度同1992年相比下降了20万度。

勃雷斯博士对太阳发生衰变的新发现自然引起世界天文学家的极大关

△ 太阳是地球的生命之源，一但它熄灭，地球将如何

注，他们正在加紧观测和研究，以进一步验证他据此提出的关于太阳正在熄灭的假说。

许多学者却对此见解不一，他们认为，目前出现的太阳表面温度下降的变化可能只是一种暂时现象，勃雷斯博士所发现的这一太阳温度的下降趋势是令人不安的危险信号，还是太阳温度的一种正常波动，还尚未得到最后确认和证实。

不过一些俄罗斯科学家认为，今天和不远的将来，地球人类不会面临太阳对地球的辐射量减少、冰河期来临乃至世界末日等严酷问题。到达地球大气表层的太阳辐射流是较稳定的，其辐射量为1370瓦/平方米，到达地球大气表层的这一太阳辐射值被科学家们称作"太阳常值"。当然，假如发现太阳的这一常值变化为0.1～0.2%，就会对地球气候产生一定影响。

众所周知，地球上的一切生物自诞生之日起，一直靠太阳的光和热来维

探秘太阳系未解之谜

持生息，繁衍后代。有了太阳则象征着光明和希望，失去太阳则意味着黑暗和末日。

那么，太阳是否真的会熄灭？科学家们的回答是肯定的。只要太阳上的"燃料"燃烧殆尽，太阳自然会熄灭，只是个时间问题。

据天文学家的研究和计算，太阳上蕴藏着大约1027吨氢"燃料"。太阳之所以能源源不断地发光发热，是因为太阳上的氢在高温高压条件下能不断发生热核反应的结果。氢的热核反应过程是：先由4个氢原子聚合后生成2个氘原子。再由1个氘原子和1个氢原子聚合成1个氚原子，然后再由2个氚原子聚合成1个氦原子，同时分裂出2个氢原子。氢的这一核反应过程需要长达140亿年的时间。

科学家们断言，尽管将来有一天太阳上的氢燃料全部燃尽，太阳也不会一下子熄灭。当太阳上的氢燃料殆尽后，它便开始收缩，中心温度将由目前的2000万摄氏度升高到1亿摄氏度。届时，将发生另一种核反应：由3个氦原子转化成1个碳原子，于是又有大量的光和热被释放到太空中。这一核反应过程约需几十亿年时间。

仅这两种核反应过程就需要200亿年时间。据此计算，太阳只有500亿年，人们也不必担忧，我们的太阳为了解除地球生灵子孙后代的后顾之忧，早已为自己物色好一个让人类放心的可靠"接班人"——木星。一旦太阳陨熄，木星将像太阳一样，忠心耿耿地继续为人类服务。

据天文学家的最新发现和研究证实，木星是一颗氢"燃料"异常丰富的液态氢星球。木星的温度在不断升高，其中心温度目前已高达28万摄氏度。木星内部正在酝酿着像太阳上发生的那种核反应。许多迹象表明，木星虽已被列入行星之列，却正在向恒星演化。科学家们预言，木星再经过几十亿年的演化后将变成第二个太阳。

太阳中微子到哪里去了

日升日落，这样的景象人们可以说是司空见惯了。然而，太阳内部究竟是什么样子？恐怕没有谁能够真正说得清楚。因为，人们平常对太阳的观测，不论用的是什么手段，不论是可见光还是射电波、紫外线、X射线等，基本上只能看到它的表面和大气中的一些现象。日震为我们提供了太阳内部的部分信息，但这种信息可以说非常有限，更为关键的是这样并不能深入到太阳最核心的部分。

在这种情况下，中微子——这种物质结构中的基本粒子之一，向焦灼的科学家们伸出了宝贵的支持之手。

中微子是什么样的东西呢，它哪来那么大的本领？

我们知道，小到纸张、铅笔，以及塑料、橡皮、布匹等，都是由无数分子组成的，而分子一般则是由两个以上的不同化学元素的原子组成。譬如，我们生活中不可缺少的水，就是由两个氢原子和一个氧原子合在一起组成的。

那么，原子是由什么东西组成的呢？是由比它还要小得多的基本粒子组成的。到目前为止，已经发现了好几十种基本粒子，如光子、电子、质子、中子等，中微子是其中的一种。

中微子的存在早在20世纪30年代初就有人提出来了，二十多年后从实验中得到证实。中微子是一种性质很特别的基本粒子，它的质量小得不能再小，几乎快接近于零了。它不带电，也不与一般物质打"交道"，是个脾气孤僻又很难"对话"的家伙。

有意思的是，太阳中心在热核反应过程中，却产生出大量的中微子，每秒钟约有200万亿亿亿亿个。由于它们对别的物质概不理睬，势必就浩浩荡荡

探秘太阳系未解之谜

迅速穿过太阳内部各层,直奔浩渺的宇宙空间,而其中的一部分就直奔地球而来。

根据理论推算,每秒钟、每平方厘米的地面上大概落下600亿个中微子——想想看,我们的头顶上要承受多少中微子的袭击呀!比雨点不知密了多少倍呢!不过,我们一点都不必担心,中微子的质量实在是微小以至于可以忽略不计,所以我们不仅对它没有丝毫的感觉,而且也不会受到它任何的伤害。

显然,从太阳核心部分来的中微子,必然带着核心部分的宝贵信息,而如此大量的中微子亲临地球,向人类报告太阳内部的温度、压力、密度和各种物理状况,这对人类来说,真是"踏破铁鞋无觅处"的绝好机会。

知道有大量中微子来到地球上,那还是比较容易的,不过要想真正抓住它们,哪怕是只抓住少数"代表",可就不那么容易了。为了排除一切干扰,包括避免由宇宙线产生的中微子混进来"捣乱",英国布鲁克黑文实验室的戴维斯等科学家,于1955年布置了一个特殊的陷阱,就像捕捉野兽那样,等待中微子来自投罗网。

他们的陷阱是个大容器,装下了39万升(开始实验时只装了3900升)、重600吨的四氯化二碳溶液。容器安置在一座已报废的在地面下1500多米深的金矿矿井里。这对中微子来说是无所谓的,因为它不会与别的物质发生作用,钢筋水泥、铜墙铁壁、上层岩石都挡不住它,它会轻而易举地直接来到矿井,穿透容器壁,而与溶液发生作用。

从计算情况来看,大体上1800亿亿亿亿个化学元素氯的原子,平均可以在一秒钟内抓到一个中微子,而溶液中大致有200多万亿亿亿个氯原子。这么算起来,戴维斯等人布置的陷阱每天只能落进去1.1个中微子,可说是不多。我们把一件很困难完成的事比作是大海捞针,而逮住中微子可是比大海捞针还要难得多。

结果如何呢?

经过十多年的探测,有了初步结果,"中微子被逮住了"的消息不胫而走,立即轰动了全世界。天文学家们为抓获了直接从太阳核心部分来的物质而兴高采烈，并寄予很大希望。可是好景不长，戴维斯等很快发现，实验结果与理论推算不符合。原本希望每天能捕捉到1.1个中微子，实际情况却有很大出入。1973年的实测结果是每5天"捉"到1个中微子，有时候则是接连好几天1个中微子的影子都不见。1978年得出的结果是，平均2.3天得到1个中微子。大体说来，中微子的探测值只是理论值的1/3，两者相差颇多。

戴维斯及其合作者对陷阱和实验步骤的全过程作了反复的推敲和考察，认为容器、溶液和整个实验工作是无可指责的。这意味着中微子理论确实出现了"危机"，这就是直到现在仍使科学家头疼的中微子"失踪"案。

可是很奇怪，太阳中微子究竟躲到哪里去了呢？

迷惑之余，人们也因此受到启发，认为中微子的失踪至少反映出三个方面的问题：

一、也许我们对于太阳内部构造、处于特殊状态下的物质性质，了解得太少了，甚至有严重缺陷和错误，应该重新掌握大量第一手资料，建立更加符合实际情况的理论模型。

二、也许我们已经建立起来的热核反应的理论有问题，尤其是在太阳内部的具体条件下，中微子的产生理论和机制可能都有误，需要重新考虑，也许就根本没有产生出那么多中微子。

三、对中微子本性的了解、对中微子在从太阳到地球的过程中某些性质是否会改变等，在认识上也许都还存在不少问题。

为了解释观测与理论之间的矛盾，科学家们从不同的角度提出的假说已达好几十种。下面是其中的几个例子。

太阳内部重元素的含量，现在一般都定为2.5%。如果这个比例能降低到0.1%的话；如果太阳内部的自转比表面快得多，中心部分的自转比表面快2倍的话；如果太阳核心部分的磁场特别强的话；如果太阳中心有个半径只有几厘米而质量达到太阳的十万分之一的微型黑洞的话……太阳中微子的理论值就会比现在所认为的小得多，它就能与观测值比较符合。

这类"如果"还可以举出一些，但是不管情况究竟怎么样，是否有点道理，所有这些假说给人总的感觉就是：假说都是为了适应观测值的需要，而特意生搬硬套地"制造"出来的，不能解决什么根本问题。

有人将太阳中微子的"失踪"，跟太阳耀斑联系在一起；也有人认为，太阳中微子流的数量随时间而变化，可能与太阳活动存在着一定的关系。

有人主张太阳的组成成分、中心温度，与传统的认识也许有所不同，正是这些因素影响着中微子数目的多少。

有人指出，应该重新测定中微子的质量，也许能从这里找到中微子"失踪"案的答案。几乎已成定论的太阳核心热核反应过程，也许事实上并不完全是那样。再说，中微子从太阳飞到地球的8分多钟时间内，在奔走了1.5亿千米之后，它本身会不会表现出"疲劳"而变得"衰弱"些呢？

总而言之，已经提出来的假说真是五花八门，但都不成熟。看来，最好的办法莫过于继续加强观测和实验，进一步搜集和掌握更多的有说服力的第一手资料。

戴维斯的实验没有取得预期的结果。他失败了，但并没有灰心。他又准备建立一个灵敏度更高的"陷阱"，以便用来捕捉更多的中微子。日本神冈的中微子监测器已开始运转了好几年；前苏联北高加索地区匹克桑河床下面的地下实验室正在进行一项非常重要的实验，它能探测到的中微子范围比前面介绍的美国和日本的要广得多；意大利罗马附近大萨索山地下实验室和加拿大布置在深二千多米镍矿井中的中微子实验室，也都在分头积极进行各具特色的实验。

我们相信，总有一天太阳中微子之谜会被揭穿，"失踪"案最后会水落石出。

球形闪电是何物

球形闪电是一种十分罕见的闪电形状。它有时爆炸，有时无声而逝，有时在地面上缓慢移动，有时跳跃行走，有时在地面上不高处悬浮……球形闪电并不常见，以至于科学家开始并不相信目击者的说法，并斥之为幻觉，可声称亲眼见到过球形闪电的人越来越多，记录在册的就有四千多次球形闪电现象。半个多世纪以来，科学家一直想要破解此谜，但迄今为止，球形闪电仍包围着一圈神秘的光环。

据许多目击者称，球形闪电的出现通常是在雷声响起之时，通常以一种看似火球的形状出现，并会引起一些奇怪的现象。

比如，前苏联也曾有报道称，一个球形闪电飞进了一个盛有近7000千克水的大锅里，水立即沸腾起来，球形闪电在锅里呆了10分钟才熄灭；在美国俄勒冈州，一个球形闪电来去如风，先在纱门上留下一个篮球大的洞，然后直奔地下室，毫不留情地毁坏了一个旧轧干机；俄罗斯一名教师的经历更可怕，一个80厘米直径的球形闪电在他头上来回跳动不下20次，然后悄然消失了……球形闪电不仅会从天而降，落到地上，有时候还会在空中与飞机相遇引起一些更异样的状况。

据记载，在1981年，一架"伊尔—18"飞机从黑海之滨的索契市起飞。当飞机升到1200米高空时，突然一个直径为10厘米左右的火球闯入飞机驾驶舱，发出了震耳欲聋的爆炸声后随即消失。正当人们惊魂未定时，这个火球又令人难以置信地通过密封金属舱壁，在乘客舱内再度出现。它在惊乱一团的乘客头上漂浮着，缓缓地飘进后舱，分裂成两个光亮的半月形，随后又合并在一起，最后发出不大的声音离开了飞机。如梦初醒的驾驶员立即着陆检查，发现球形闪电进出的飞机头尾部各钻了个窟窿，造成雷达和其他仪表失

△ 球形闪电

灵，但飞机内壁和乘客没有受到任何损伤。

由此可见，这种让人觉得神秘的球形闪电确实出现过。许多人认为那是外星UFO，因为从外形来看，它们都像是一个大火球。

近些年来，经科学家研究，认为球形闪电是一种自然现象。并对球形闪电的特殊性质作出了一定解释。球形闪电虽是一个灼热的火球，但当它靠近一些易燃物体如树木、纸、干草时，并不起火灾，而在爆炸的一瞬间却可以烧掉潮湿的树木和房屋。如若落进水池，球形闪电会使水沸腾。它能轻而易举地穿过玻璃，又可从门缝、烟囱里钻到房屋里面。这也证实了目击者所说的情形。

那么，球形闪电到底是何种物质，或者球形闪电是如何形成的呢？对此，科学家们一直没有明确的答案。

前苏联物理学家彼得·卡皮查提出理论认为，球形闪电可能是由于诸如在雷电风暴中所产生的电磁干扰效应所引起的。

日本科学家在《自然》上撰文称，他们在实验中观察到了由微波干扰所产生的一系列类似球形闪电的现象，他们的人造等离子体"火球"也显示了球形闪电的一些少见的性质，比如它可沿与主气流相反的方向运动，并可穿越固体物质而不受其影响。这一研究为卡皮查的理论提供了一些佐证。

一些新西兰的科学家则认为，球形闪电的形成与土壤有关，当土壤被雷电击中后，会向大气释放含有硅的纳米微粒，来自雷电袭击的能量以化学能的形式储存在这些纳米微粒中，当达到一定高温时，这些微粒就会氧化并释放能量，形成球形闪电。

据俄罗斯媒体报道说，该国物理数学副博士韦杜塔认为，球形闪电就像一个双层"马特廖什卡"木偶（即一个木偶里面套着另一个木偶），体内充满电磁辐射线，这些射线挤压等离子体构成的外壳，使等离子体彼此不碰撞，而等离子体外壳则像一面镜子，把射线反射回去。其中等离子体完全与外界隔绝，温度可超过热核反应的温度。这位科学家通过计算得出，一个直径60厘米的白热化的"大木偶"，内含一个自由悬浮在气体介质中的直径20厘米的球状体，可产生高达50兆瓦的热功率。

除了以上诸说法外，还有人认为球形闪电是一种带强电的气体混合物、是化学反应堆、是一团高度电离的空气囊。

但遗憾的是，这些理论中没有一个能令人信服地解释出球形闪电的所有故事。因此许多科学家推测，球形闪电有可能是多种不同自然作用的产物。由于球形闪电出现的时间短暂，为科学研究增加了很大难度。尽管科学家按照假设的这些作用在实验室里模拟出了微型的球形闪电，但它与真实世界中的球形闪电相比，恐怕还相差甚远。

球形闪电不但有趣，而且包含着许多秘密，但由于这种闪电存在时间很短，较难追踪，因此球状闪电对人们来说仍然是个谜。当然，我们也有理由相信，在不久的将来，这一谜团必会被科学家们一一解开。

探秘太阳系未解之谜

人们在离杭州82公里的海盐县南北湖风景区鹰集顶上见到的"日月并升"现象，是个千古之谜。

这种现象，不但在当地群众中世世代代流传，在明代古书上也有描述和记载。但是由于种种原因，这一天下奇景几乎湮没了千年。直到1980年杭州大学的冯铁凝先生从古书中发现后于当年的农历十月初一，终于和武林中学的谢秉公老师有幸见到了太阳和月亮在清晨并升的奇景。这一消息传开，引起了很多人兴趣。这几年每当十月初一清晨，少则一二千、多则四五千人观看奇景。日月并升是一种什么现象呢？从这几年的出现过程看，有这样几种情况。

日月合为一体同时从钱塘江上升起，太阳与月亮重叠，但太阳直径略大于月亮；太阳升起不久，在太阳旁出现一个暗灰色月亮，围绕着太阳，一忽儿跃在太阳右边，一忽儿又跃在左边，一忽儿又在太阳上面，一忽儿又在下面。当月亮经过太阳时，太阳表面大部分被月亮遮盖，颜色变暗。月亮先出，几乎在同一直线上太阳随之出来，太阳托住月影一起跃动；月影先在日轮中，后又跳出日轮，在太阳四周跃动，阴影呈月牙形，月影在日轮中一起升起，并在日轮中跃动，直至月影消失。

从1980～1985年所出现的日月并升现象，最短只有5分钟，最长31分钟，一般在15分钟。而且各次出现的景观，又不完全一致，到目前为止，尚无科学的解释。

扑朔迷离的复仇星之谜

在天文学上,一般把围绕一个公共重心互相作环绕运动的两颗恒星称为物理双星;把看起来靠得很近,而实际上相距很远、互为独立(不作互相绕转运动)的两颗恒星称为光学双星。光学双星没有什么研究意义,而物理双星是唯一能直接求得质量的恒星,是恒星世界中很普遍的现象。

一般认为,双星和聚星(三至十多颗恒星组成的恒星系统)占恒星总数的一半多。太阳作为一颗比较典型的恒星,它是否也有自己的伴侣——伴星呢,或者说,它是否也属于一种比较特殊的物理双星呢?近几年来,这是科学家非常关心的问题,这个问题是由地球上物种绝灭问题提起来的。

随着现代考古学的进展和放射性同位素测定年代的技术应用于考古学,人们发现在过去的6亿年中,地球上至少发生过5次大的和几次小的生物绝灭。譬如,其中主要的有5亿年前的寒武纪绝灭,导致三叶虫类从地球上消失;2.48亿年前二叠纪发生的一场最大的生物绝灭,约有90%以上的海洋生物绝种;大约在6500万年前的白垩纪,地球上的庞然大物恐龙以及70%的动植物种绝灭了。

引起这种大规模物种灭绝的原因是什么呢?有些科学家指出,这是由于地壳板块的漂移,形成大地震和造山运动,新的大陆和海洋出现,引起生物环境的变迁,物种因此而发生大规模灭绝。这个理论的问题在于大陆板块漂移是较慢的,而且是不间断的,为什么物种大规模灭绝带有突发性,好像是"一下子"就被毁灭了呢?1977年,美国地理学家阿瓦兹与他的父亲——诺贝尔物理学奖获得者刘易斯,提出了恐龙灭绝与白垩纪末期的陨石雨有关的假说,其中提到可能有一颗小行星碰撞地球导致恐龙灭绝。

1984年,美国的两位古生物学者,对地球上物种灭绝情况作了统计分析研究，结果发现在过去的2.5亿年中，生物灭绝似乎有一定的规律：约每隔2600万年出现一次灭绝高峰期。如此准确的周期性意味着什么呢？人们根据古生物学者推算出的生物灾难期，对地面大陨石坑的形成年代进行了考察，发现在生物灾难期间形成的陨石坑比其他年份多得多。有的天文学家认为，这可能是由于彗星周期性地轰击地球而引起的。因为在银河系平面中，宇宙尘埃比较密集，当太阳带领太阳系全体成员经过此平面时，宇宙尘埃就会扰动彗星云，引起彗星轰击地球，导致生物的大规模灭绝。

因此对于大多数天文学家而言，有过太阳具有伴星这样的想法是一件非常自然的事情。当人们发现天王星和海王星的运行轨道与理论计算值不符合时，曾设想在外层空间可能另有一个天体的引力在干扰天王星和海王星的运动。这个天体可能是一颗未知的大行星，也可能是太阳系的另一颗恒星——太阳伴星。

为了解释美国那两位古生物学家的发现，1984年，美国物理学家穆勒和他的同事共同提出了太阳存在着一颗伴星的假说。与此同时，另外的两位天体物理学者维特密利和杰克逊也独立地提出了几乎完全相同的假说。

穆勒在和同事们讨论生物周期性灭绝的问题时说："银河系中一半以上的恒星都属于双星系统。如果太阳也属于双星，那么我们就可以很容易解决这个问题了。我们可以说，由于太阳伴星的轨道周期性地和小行星带相交，引起流星雨袭击地球。"他的同事哈特灵机一动，说："为什么太阳不能是双星呢？同时，假设太阳的伴星轨道与彗星云相交岂不是更合理一些？"于是，他们在当天就写出了论文的草稿。他们用希腊神话中"复仇女神"的名字，把这颗推想出来的太阳伴星称为"复仇星"。

前面所提到的彗星云一般称为"奥尔特云"，它是以荷兰天文学家奥尔特的名字命名的绕日运行的一团太阳系碎片，奥尔特曾认为它距离太阳15万天文单位（日地平均距离），可能是一个"彗星储库"，其中至少有1000亿颗彗星。由于太阳伴星在彗星云附近经过，使彗星运动轨道发生变化，因此引起彗星撞向地球，结果引起了生存条件的变化。穆勒说，这种彗星雨可能持续100万年。这一观点与某些古生物学家设想物种灭绝并不是那么突如其来

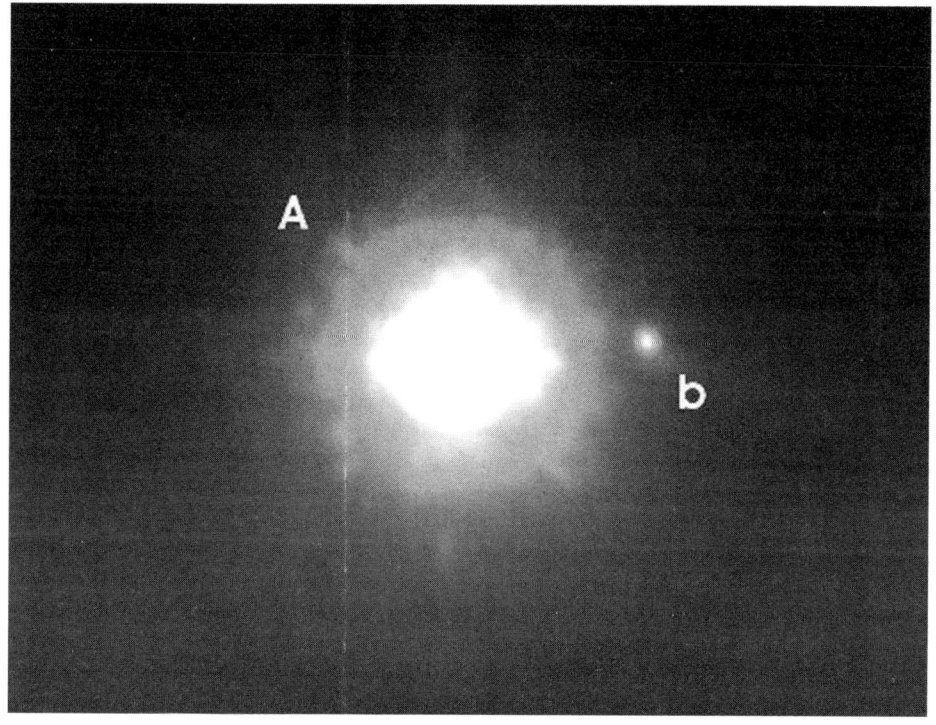

△ 复仇星

的意见是一致的。

  人们考虑到，如果太阳有伴星的话，在几千年中似乎却没有人发现过，想必它是既遥远又暗淡的天体，而且体积不大。这是很有可能的情况，因为在1982～1983年，天文学家利用红外干涉测量法，测知离太阳最近的几颗恒星都有小伴星，这种小伴星的质量仅相当于太阳质量的1/15～1/10。此外，在某些双星中，确实还有比这更小的伴星存在着。

  自从太阳伴星——"复仇星"的假说公诸报端，科学家们开展了认真热烈的讨论。人们根据开普勒定律的推算，若其轨道周期为2600万年，那么轨道的半长轴应该是地球轨道半长轴的88000倍，约1.4光年，即太阳伴星距太阳比任何已知恒星要近得多。

  1985年，美国学者德尔斯莫在假设"复仇星"确实存在的前提下，用一种新方法算出了这颗星的轨道。他首先对最近2000万年左右脱离奥尔特云的

探秘太阳系未解之谜

那些彗星进行统计、调查，对126颗这样的彗星及其运动作了统计研究，断言他的统计可靠性达95%。他确定，大多数这类彗星都作反方向运动，即几乎与太阳系所有行星运动的方向相反。根据这些彗星的冲力方向算出，在不到2000万年以前，奥尔特云从某一其他天体接受到一种引力冲量。他认为，这是由一个以0.2或0.3千米/秒速度缓慢运行的天体引起的，"复仇星是一种令人满意的解释"。

德尔斯莫根据动力学算出，"复仇星"的轨道应该与黄道几乎垂直，它目前应该接近其远日点（距太阳最远的点），而它的方向应该是离开黄极5°左右。

美国学者托贝特等计算了"复仇星"可能的轨道因星系"潮汐"——即太阳系以外的物质引力影响而产生的轨道变化。考虑到这颗星可以运行到离太阳很远的地方，很容易受到别的天体引力的影响。托贝特说，即使它原先的轨道很稳定，也不可能在从太阳系存在以来的46亿年中，轨道一直保持不变。许多研究者同意这样的看法：这颗轨道周期为2600万年的伴星的预期寿命至多为10亿年。这就意味着，它可能是在太阳形成之后很久才被太阳"俘获"的，或者就像有的科学家指出的那样：在"复仇星"刚形成时，它和太阳之间的联系要比现在紧密，其周期约为100～500万年，后来由于其他天体的引力"牵引"而外移到现在的轨道，这种外移最终会导致它脱离太阳的引力影响。

为了寻找"复仇星"，穆勒等人用大型天文望远镜拍摄了大约5000张北半球暗星的照片。他计划每隔一段时期拍摄一次，再比较一下哪些暗星存在较大的"自行"，它们就是"复仇星"的候选者了。如果他们在北半球找不出这样的星体，他们还将探查南半球天空。一般认为，太阳伴星应属于一种较小的恒星——红矮星。可是，目前人们还没有南半球天空的红矮星表，观测上的困难是很多的。穆勒说："如果他们找到了一颗近似的星体，接下来事情就好办了。"一旦从大海里捞出了这枚针，要证明这确实是那枚针就不难了。

针对太阳系的现状，有一些天文学者认为，太阳伴星由于某种原因未能形成，而形成了八大行星及其卫星、小行星和彗星等。美国天体物理学家韦米尔和梅梯斯的研究认为，尚未发现的太阳第九颗大行星（经常写为X行星）可能是引起周期性彗星雨——生物大规模灭绝的原因。

韦米尔他们是在把前人两个设想合并到一起后，创立这种新颖的解释的。这两个设想是：在海王星轨道之外存在着X行星，以及认为在海王星之外的太阳系平面中可能有一个彗星盘或彗星带。在他们设计的一个模型中，X行星周期性地从上述彗星带近旁穿过，破坏彗星轨道，使大量彗星冲向太阳系内部。韦米尔说，这个理论的优点之一是X行星的轨道距离太阳要比"复仇星"近得多，因而将十分稳定。X行星轨道平面与太阳系平面成45°倾角，设想它每1000年沿轨道运行一周。但是它也会受到其他行星引力的牵引而引起轨道变迁，每隔2600万年，当其运行到接近上述彗星带时，就会触发一场彗星雨。

美国科学家海尔斯综合了不规则地通过"复仇星"轨道的恒星的各种作用，估计出"复仇星"在过去的2.5亿年中，其轨道周期的变化应为15％。鉴于此，人们认为，不管是哪种情况，在"复仇星"可能的轨道上，所有的扰动都意味着天文钟的调谐并不那么精确，而如果这颗太阳伴星确实存在的话，人们不应该期望它触发彗星雨和引起大规模物种灭绝的周期十分精确。遗憾的是，至今缺乏更好的地质资料，尤其是陨石坑方面的资料。地球上的证据的不确定因素太大，以至于无法准确地说出"复仇星"天文钟的周期性能精确到什么程度。

总而言之，根据科学家们的研究推测，太阳很可能存在或有过伴星，但是要找到它、证实它，确实是一件困难的事，人们期望着科学家们早日解开这个宇宙之谜。

探秘太阳系未解之谜

是什么使太阳系中的行星在旋转

众所周知，太阳系中的行星都在围绕太阳旋转，但它们开始旋转的起点在哪里？是什么促使它们不停地运动呢？

要回答这个问题，必须追溯到太阳系的形成。太阳系是气体和尘埃在重力的影响下慢慢聚集形成的一个巨大的球体后爆发而成的。当尘埃聚集时，粒子互相撞击，球体中央变得越来越热，直到它变得足够热，最终形成了一个我们现在称之为太阳的物体。随着温度的升高，太阳达到了一个临点，它变成了"导体"，就像火突然燃烧起来一样。这一燃烧导致了气体和尘埃脱离了太阳而形成了行星的最基本的物质结构。

现在对于旋转，有一条运动定律叫做"角动量守恒定律"，它描述的是当某些东西逐渐变小时，它会旋转得越来越快。这就是为什么溜冰者环抱双臂紧贴身体使身体变小时，速度会加快。这同样适用于尘埃和气体：任何正在旋转的物体，当它的体积逐渐减少时，旋转都会越来越快。当物体旋转时，离心力会把中部推开，把顶部拉回来。这发生在一个球体身上时，会最终使这个球体不再是一个球体，而是成为围绕着太阳旋转的圆盘。行星也来自于这个圆盘，这就是为什么它们都在固定的平面轨道上围着太阳转。

最初的气态球体不一定需要太多的旋转来产生我们今天看到的太阳系的轨道，尽管最初是什么造成的轨道我们仍不清楚。但宇宙中的物体如果有任何变化，一般都可能是在旋转。事实上，来自银河系的每个物体都在旋转。

太阳个数之谜

1551年4月,德国城市马格德堡被瑞典卡尔五世的军队所围困。围困的日子已延续一年有余,城中粮草全无,危在旦夕。一天下午,该城上空突然出现三个太阳。围城的士兵感到惊恐万状,认为这是天意的预兆,是上帝将要亲自来保卫这个城市。根据卡尔五世的命令,瑞

△ 多个太阳的幻日奇观

典军队马上撤除了对这个城市的包围。这可是中外战争史上绝无仅有的一桩趣事。其实,多个太阳中除一个为真太阳外,其余皆为假象,气象上称之为"假日"、"幻日"或"伪日",是一种少见的大气光学现象,其成因比较复杂。

简而言之,由于天空有冰晶组成的云层存在,太阳光被这些冰晶反射、折射所形成的。由于假日的出现对云中冰晶形状、位置和排列等要求十分严格,故这种奇景很难见到。当然,多日并升也并非绝无仅有。1986年12月9日15分,西安上空突然出现一大一小两个彩色光圈和五个太阳。据资料记载,1934年1月22日和23日,西安市上空曾连续两天七日当空。1981年4月18日,海南岛东方县上空出现五个太阳。1988年12月28日,内蒙古翁牛特旗五日同照大地。此外,峨眉山顶上出现过三个太阳,庐山也曾两日并升。有关多日并升奇景,我国史籍中亦多有记载,如《宋史·天文志》载:"日有二影,如三日状"等。1973年,湖南长沙马王堆汉墓中出土的帛画中,有"九日并出"的画面。

探秘太阳系未解之谜

太阳会在夜里出现吗

我国古书《汉书》中记载了汉武帝延元二年夏四月戊申，即公元前139年6月11日夜里出太阳的事。《晋书》中记录说，晋元帝大兴元年十一月乙卯，即公元318年11月16日夜里出太阳，高三丈，中间绿红色；另一古籍《江南通志》中还指出，这天夜里太阳出于南斗方位。《建康志》记录说，梁武帝普通元九月乙亥，即公元520年10月25日夜里，东方出太阳，呈现红色。《嘉定县志》中有夜间出太阳的记录：明世宗嘉靖三十三年夏四月二十三日，即公元1554年5月23日二更之时，在西天出太阳，高万丈，不久就落下去了；《吴县志》也记录了这次夜里的太阳之事。《海盐县志》记录道：清顺治十年闰六月二十四日，即公元1653年8月16日夜里三更时，红色的太阳出现在东北方，直径一二尺，当月亮升起后不久，它就隐而不见了。

关于夜里出太阳的事，不仅我国古书中有记载，外国文献中也有记载，如有的文献中记载了公元163年意大利有过夜间出太阳的现象。

对于中外文献中记载的夜里出太阳的怪事，一些科学家予以否定并作出各种分析。

我国学者庄天山认为，夜里出现的"太阳"实际上是一种晕状极光。

有些中外天文学家如迦尼、克劳密林和我国的朱文鑫认为，意大利夜间看到的"太阳"其实是哈雷彗星。他们是按哈雷彗星回归周期推算的，可是查西欧文献并没有明确记录。

有些科学家认为，夜里出"太阳"是一种日照现象。

我国的张文樵则把夜里的"太阳"解释为不明飞行物。

夜间出太阳到底是怎么回事，还是个待解之谜。

如果太阳突然消失，人类多久才能感知

如果太阳突然消失了，人类多久才能感知

在大多数剧烈的爆炸中——假设那就是太阳如何消失的原因——任何喷出的微粒将总是比光走得慢得多。所以很明显在黑暗来临、之前不会有来自于任何微粒的影响。

直到感觉到太阳的消失时，以光速传播的辐射以红外线形态到达了地球，它加热了空气（由于它只不过是低能量的光）。由于红外线的到来并做了这些事，一段时间后我们才感觉到太阳消失的影响。因为存在这个过程，一般认为在地球开始冻结之前太阳已经消失了大约一个星期了。所以在感觉到不同以前，你将会在一段时间内经历完全的黑暗。

金星之谜

金星是人类所关心的仅次于月亮的天体，美国和前苏联曾发射飞行器光顾金星，因此人类对金星的了解相对多一些。我们中国现在开始了探月工程，相信探测金星的行动也随之不远。那时或许许多谜就可以由中国人给出答案了。

金星是八大行星之一，按离太阳由近及远的次序是第二颗。它是离地球最近的行星。中国古代称之为太白或太白金星。它有时是晨星，黎明前出现在东方天空，被称为"启明星"；有时是昏星，黄昏后出现在西方天空，被称为"长庚星"。

△ 金星

金星是一颗天空中最亮的星星，仅次于太阳和月亮。在空中，金星发出银白色亮光，璀璨夺目，因而有"太白金星"之说，西方人认为爱与美的女神维纳斯就住在金星上。金星最亮时，亮度是天空中最亮的恒星——天狼星的十倍。

金星如此明亮的原因有两点：一方面，是因为它包裹着厚厚的云雾，这层云雾可以把75%以上的光反射回来，反射目光的本领很强，而且对红光反射能力又强于蓝光，所以，金星的银白光色中，多少带点金黄的颜色；另一方面，金星距离太阳很近，除水星以外，金星是距太阳第二近的行星，它到太阳的距离是10800万公里，太阳照射到金星的光比照射到地球的光多一倍，所以，这颗行星显得特别耀眼明亮。

金星比地球离太阳近，绕日公转轨道在地球的内侧，这点与水星很类似。但金星的轨道比水星轨道大一倍，所以，金星在天空中离太阳就要远些，容易被看到。金星被我们看到时，它与太阳距角可以达到47°。也就是说，金星在太阳出来前三小时已升起，或者在太阳下落后三小时出现在天空。这样很多地区的人很容易看到它。

宇航时代的开始，意味着金星神秘时代的结束。美国和前苏联前后发射二十多个金星探测器，频繁地对金星大气和金星表面进行探测。

首先是前苏联的"金星1号"，这是人类历史上发射的第一艘金星探测飞船，在1961年2月12日升空，但并不成功。

首度成功观测金星的是美国的"水手2号"，于1962年8月27日升空，同年12月14日通过了距离金星34830公里的地方探测金星。

首次在金星大气中直接测量的是前苏联的"金星4号"，于1967年10月18日打开降落伞，降落于金星大气中。

首次软着陆成功的是前苏联的"金星7号"，它于1970年12月15日降落于金星表面，送回各种观测资料。

前苏联从1961年开始，直至1983年，共发射飞船16艘，除少数几艘失败外，大多数都按原计划发回不少重要资料。

美国在1962年发射"水手2号"以后，又在1978年5月20日和8月8日先后发射"先驱者金星"1号和2号，其中"先驱者金星"2号的探测器软着陆成功。至此，美国也先后有六个探测金星的飞船上天。

金星的天空是橙黄色的。金星的高空有着巨大的圆顶状的云，它们离金星地面48公里以上，这些浓云悬挂在空中反射着太阳光。这些橙黄色的云是什么呢？原来竟是具有强烈腐蚀作用的浓硫酸雾，厚度可达20~30公里。因此，金星上若也下雨的话，下的便全是硫酸雨，恐怕也没有几种动植物能经得住硫酸雨的洗礼。金星是个不毛之地。

金星的大气又厚又重。金星的大气不仅有可怕的硫酸，还有惊人的压力。我们地球的大气压只有一个大气压左右。在金星的固定表面，大气压是

△ "水手"2号金星探测器

九十五个,几乎是地球大气的一百倍,相当于地球海洋深处一千米的水压。人的身体是承受不起这么大的压力的,肯定在一瞬间被压扁。

金星的大气中主要是二氧化碳。二氧化碳占了气体总量的96%,而氧气仅占0.4%,这与地球上大气的结构刚好相反,金星的二氧化碳比地球上的二氧化碳多出一万倍,人在金星上会喘不过气来,一准儿会被闷死。这里常常电闪雷鸣,几乎每时每刻都有雷电发生,让你掩耳抱头,避之不及。

金星是真正的"火炉"。地球上40℃的高温已经让人很难受了,但金星表面的温度高得吓人,竟然高达460℃,足以把动植物烤焦,而且在黑夜并不冰冻,夜间的岩石也像通了电的电炉丝发出暗红色光。金星怎么会有这么恐怖的高温呢?这也是二氧化碳的"功劳"。白天,在强烈的阳光照射下,金星的地表很热,二氧化碳具有温室效应,就是说大气吸收的太阳能一旦变成了热能,便跑不出金星大气,而被大气挡了回来,二氧化碳活像厚厚的"被子",把金星捂得严密不透风,酷热异常。再加上金星吸收的热量更是越聚越多,热量只进不出,从而达到了460℃的高温,比最靠近太阳的水星白昼的温度(水星约430℃)还要高。

温室效应使得昼夜几乎没有温差,冬夏没有季节变化。因而金星上没有四季之分。

其实,地球上也有温室效应,只不过地球大气中二氧化碳只有3.3%,所以地球温室效应远不如金星的强烈。但是就是那么点二氧化碳,已可使地球的平均温度达到17℃。近年来,工业污染加剧,致使地球上二氧化碳有增加的趋势，地球的气候也逐渐有变暖的趋向。如果严重时，两极冰川融化，海平面上升，一些陆地将被淹没。这该是地球上引起高度重视的问题，因为我们不想成为第二个金星。

金星上如此恶劣的环境，是以前的人们不曾想到过的。这位曾经是地球"孪生姐妹"的金星，一旦面纱撩开，即刻让人们对金星上存在生命的幻想破灭了。

不过，人们头脑中还有一丝希望，那就是金星上有水吗？

金星有很少量的水，仅为地球上水的十万分之一。这些水分布在哪里呢？由"金星13号"和"金星14号"探测表明，在硫酸雾的低层，水汽含量比较大，为0.02％，而在金星表面大气里有0.02‰。金星表面找不到一滴水，整个金星表面就是一个特大的沙漠，在每日的大风中尘沙铺天盖地，到处昏昏沉沉。金星地表与地球有几分相似。金星因为有大气保护，环形山没有水星、月球那么多，地面相对比较平坦。但是有高山，山的高度的最大落差与地球相似，也有高大的火山，延伸范围广达30万平方公里。大部分金星表面看起来像地球陆地。不过，地球的陆地只有十分之三，其余十分之七为广大海面。金星的陆地占六分之五，剩下的六分之一是小块无水的低地。至今金星表面还没有水。

金星自转是卫星中最独特的。自转与公转方向相反，是逆向自转。换句话说，从金星上看太阳，太阳是从西方升起，在东方落下。

金星逆向自转，是科学家用雷达探测金星表面，根据反射器回来的雷达波发现的，还知道金星自转非常缓慢，每243天自转一周。如果我们在金星上观看星星，每过243天才能在天空看到同一幅恒星图景，如我们以太阳为基准测量金星自转周期，仅仅是116.8个地球日。因为在这段时间，金星沿公转轨道前进了很大一段距离，在这243天中可以看到两次日出和日落。所以一个金星日是116.8个地球日，金星上的一天等于地球上116天多。

探秘太阳系未解之谜

卓尔金星之谜

在研究古代玛雅人留下的历法时,人们发现玛雅人的历法中有三种不同的纪年法,即金星年、地球年、卓尔金年,它们分别是:金星年225天,地球年365天,卓尔金年260天。现在我们知道,玛雅人的金星年、地球年都计算得相当精确,达到了很高的天文学成就,而这两颗天体在太阳系里都能找到。但什么是卓尔金年呢?这让许多科学家百思不得其解。

有人解释说,卓尔金年是玛雅人的宗教纪年法,每年13个月,每月20天,这样刚好是260天。持此观点的人进一步解释说,这个260天日历是用来占卜吉凶的。但是这种解释没有一点证据,为什么玛雅人要用260天来表示宗教情绪呢?13个月的划分也明显与地球天文学的发展历程不相符。而且,现在玛雅人的神话传说中也没有260天或13个月的任何证据。

也有人认为,卓尔金年与其他两种历法是相同的,都是用来计算星辰运行周期的,地球年是计算地球运行周期的,金星年是计算金星运行周期的,而卓尔金年则是计算卓尔金星的运行周期的。然而奇怪的是,太阳系里根本找不到260天绕太阳运行一周的行星,我们熟知的八大行星里也根本没有卓尔金星。按照天文学的计算,如果真有一颗周期为260天的行星,它的轨道应该在现在的金星和地球之间。假如卓尔金星存在的话,它是在什么时间存在的?

现代天文学发现,金星与地球之间虽然没有任何星体,但是存在一条陨石带,它由无数大大小小的陨石构成,闯入地球大气层的陨石,绝大多数都来自这条陨石带。这一发现启发了天文学家,他们由此推测,在很久很久以前,太阳系里确实存在一颗周期为260天的行星,其位置正好处于金星与地球之间,有人称它为卓尔金星,也有人直接把它称为玛雅星。后来这颗行星不

知为什么，突然发生了大爆炸，其爆炸后的残骸形成了现在的陨石带。

人们这样来假设这一天文故事：卓尔金星曾经是一个自然条件非常良好的星球，河流中流动着液体水，高山与平原上到处都是植物、动物。这方水土养育了聪明的人种，他们就是玛雅人。在卓尔金星爆炸之前，玛雅人已经有了相当发达的文明，甚至超出了地球现有的文明程度，他们已经可以进行长距离的星际旅行。也许是因为自然的原因，也许是由于人为的因素，卓尔金星爆炸了。但是在爆炸的前夕，玛雅人开始疏散到其他星球，有一部分玛雅人来到了地球。但是，地球与卓尔金星的自然条件毕竟不同，对玛雅人是有相当危害的。尽管他们采取了许多措施，可是地球环境中的各种病毒及新的重力条件，最终还是将灾难降临到他们身上，玛雅人因此而灭绝了。

由于玛雅文明消失得相当突然，解读玛雅文化的钥匙又被西班牙人一把火烧得干干净净，因而卓尔金星也就成了千古不破之谜。太阳系里是否曾经存在过卓尔金星，玛雅人为什么要发明260天纪年法，13个月的划分法究竟有什么特殊的意义？也许我们永远也不会知道了。

我们认为，金星、火星上的文明遗迹如果真的存在的话，那么金星人和火星人的发展当与月球闯入太阳系有关。因为正像我们以上所说的那样，月球比太阳系里任何一颗行星的历史都古老，甚至比太阳还古老。当他们从遥远的宇宙来到太阳系的时候，也许这些星球上正生机盎然，原始的智能生物没有任何抵抗地被他们利用。我们甚至怀疑，金星或者火星的文明就是被他们毁灭的。事情也许是这样的：当时金星、地球、火星都有智慧生物存在，只是发展的程度不一样，但金星与火星的智慧生物及其发展起来的文明，很可能是宇宙间最有害的文明，故而被月球人彻底摧毁了。因为当时地球可能还没有人类，只有一些灵长类动物，文明还没有出现，故而逃过了这次劫难。月亮人在毁灭了金星与火星后，为了确保地球轨道的稳定和自然环境，他们又有意炸毁了地球与金星之间的卓尔金星，留下了一条陨石带。

探秘太阳系未解之谜

金星上有生命吗

自从科学家发现了围绕太阳运转的八大行星之后,人们的目光便投向了地球的孪生姐妹金星。金星上有没有生命,如果没有,该是什么样子呢;如有,那么它的文明程度与地球人相比,又是怎么呢?提出这个问题并不是空穴来风,因为经天文学家测算,金星半径约6050千米,是地球的95%,质量是地球的88%。表面重力加速度是地球87%,如此相似的条件,产生生命乃至高等文明是极有可能的。围绕这一想法,有几个合理的却完全相反的结论等您去判定。

亚当斯基的亲历回忆。亚当斯基是美籍荷兰人,至今仍是全世界飞碟爱好者心目中的英雄,他与金星人的交往很多,下面就是有关情形。

第一次同金星人的交往是1952年11月20日,当时的他已过了花甲之年、但仍心存高远,提出"宇宙同胞泛爱说",迫切希望与外星人接触,这一天终于来了。当时他正在加利福尼亚大沙漠中心与朋友一道野餐。突然一只巨大的银色飞碟从天而降,停落在他们附近,然后从里面走出了一个人。亚当斯基后来在《UFO着陆了》里这样回忆道:

"在他靠近之后,看到了他一头长及肩膀的头发和难以言喻的俊美容貌。从他的身上,散出一种无限的聪明气质和亲和力。这时,我才恍悟到,我所看到的是一个来自地球之外的外星人。"

金星人通过心电感应向亚当斯基介绍说,他是来调查核爆炸的危险性的。他引导亚当斯基走近参观了飞碟的外观。他向亚当斯基介绍说飞碟是依靠磁场的吸力和斥力的原理穿越太空的。他还说,金星人都遵从宇宙法则而生活,从不做违背宇宙法则的事。

1953年2月18日夜,同样是在加州大沙漠,亚当斯基得以进入金星人的飞碟内部参观。他自述说，在这种以磁力能源作为飞行动力的飞碟中央。有一个从顶壁一直贯串到底部的磁柱，约60厘米，飞碟就是依靠这个东西来移动的。据金星人介绍，他们的飞碟是航行于各大星球间的大型航空母舰运来的。因为无论哪个飞碟，都无法从金星直接飞抵地球，也无法飞到太阳系内的其他星球上。

这天晚间，亚当斯基就乘着这艘飞碟进入到一艘全长约600米的雪茄型母舰里，有两位十分美丽的金星女郎接待了他。亚当斯基回忆到："那才是真正的仙女呢！她们都穿着从脖子直罩到脚的有如铃铛似的衣裳，腰上系着镶有宝石的腰带。"她们向亚当斯基解释到："我们太空船的速度，同宇宙活动的步调相同，不像你们的飞行器是用燃料来推动的。太空船是乘着宇宙的波流而行走的，就像你们的帆船行走那样。"当亚当斯基被送回地球时，已是2月20日凌晨5点10分了。

以后，亚当斯基还应金星人之邀，在金星人太空飞船的立体荧幕上。看到了金星的都市景象：那是一些大小各异的圆形城市，建筑物的屋顶都闪烁着彩虹般的光辉，交通工具颇像地球上的汽车，但都是在城市上空飞行……

关于金星人的寿命，他们说，按地球人的算法可以高达1000岁。也是因为包围金星的云层，能够阻挡破坏性放射线的穿透。他还告诉亚当斯基，以后地球人的寿命也许会延长的，但也得等到地球的自转轴倾斜，以使海底的陆块隆起之后才行。因为只有在这种情况下，海底蒸发掉的水分才会在空中形成很厚的云层。

对于亚当斯基的自述，有关方面有疑惑的，有相信的，也有斥之为谎言的。据说，美国军方、国家原子能委员会、参议院及联合国代表等多次要与他秘密接触，听他传达由心电感应得来的金星人讯息。他还应邀到世界各国演讲。到电视台现身说法，参与外星生命的讨论。他也遭到过两次暗杀，却幸免于难，因为一些人认为他是一个招摇撞骗的骗子或异教徒。

美国与前苏联政府出于各自战略目的，对亚当斯基的自述很感兴趣。以20世纪60年代起，他们便加强了对飞碟以及对金星生命的科学研究。其中1967年6月前苏联发射的"金星四号"经过4个多月的飞行后，于同年10月18

日首次穿过金星大气层。第一次在金星上的软着陆。

以后,通过对金星进行的周密观测和分析,人们逐渐了解到,金星上简直是一派黄色的荒凉世界,浓厚的云层把大部分太阳光反射回去或蔓延开来。致使金星在白日也难见天日,如同地球上阴沉沉的下雨天,它的表面覆盖着一层厚度不超过1米的"浮土",浮土下则是坚硬的岩石。金星大气的主要成分则是碳酸,此外还有少量的氮、氩、一氧化碳、氯化氢、氟化氢等,在距金星表面约30～40千米形成一层厚约25千米的浓云。浓云中的二氧化碳(97%)将太阳传来的热都封闭起来,红外线不能向外辐射,从而形成强烈的"温室效应",使金星表面温度高达摄氏465～485度。

探测和分析的结果表明,金星表面仍是一个高温高压的世界,没有河流和海洋,没有动植物生存……那么亚当斯基自述的其与外星文明金星人的接触,竟是愚人节里的愚人节目吗?

科学家们认为,不能如此简单否定,因为:

第一,从20世纪50年代至20世纪80年代,天文学家在地面,人造卫星在金星的大气层中,都屡屡收到来自金星的无线电波。

第二,1989年6月,前苏联科学家在分析卫星拍摄的金星照片时,发现金星地面竟有2万个城市的遗迹。

第三,许多科学家认为,在地球早期阶段,有可能和现在的金星一样或相似,而仅以大气中氧的缺乏来否定金星上生命的存在,是不合适的。

以后,科学家们通过分析美国人造卫星发回的照片认为,那些城市遗迹完全由三角形、锥形金字塔状的建筑组成的,这样的建筑可以日避高温、夜避严寒,还可以抵御强大的风暴。就像地球上的埃及金字塔一样。

1973年,前苏联天文学家谢尔盖·卢萨诺夫曾提出假设说,金星人现在应生活在金星地表之下,那是真正的地下城,至于城市遗址,则是金星人转入地下的证据。

事情真相到底怎样呢?只有留待未来去证明了。

金星逆向自转之谜

在太阳系已发现的九大行星之中，有八颗行星的自转方向是顺向自转，只有金星的自转方向与众不同，呈逆时针方向。也就是说，如果人类生活在金星上的话，人们看到的太阳将是西升东落。

金星一般被人看做是地球的姊妹星，它的自然条件与地球非常相似。另外，它距地球1.08亿公里，位于地球的内侧。公转一周是243天，自转周期由于测量困难，所以得出的数据很不统一。有人计算出是23小时20分，有人认为是几十天，还有人认为和它的公转周期相同，也是243天。后来经过长期的观测，才测得它的自转周期是117天。

对金星逆向自转的机制，存在两种看法，一种认为金星曾经是顺向自转的，在演化过程中，自转方向倒转。这种说法难以提出令人信服的论据。另一种看法认为金星的逆向自转有其宇宙的成因，问题是在于找出维持这种逆向自转的机制。

让我们用万有引力切向分量的理论试分析金星逆转的机制。由于太阳自转产生切向分量的涡旋力，由于金星公转速度及自转（假设金星原先自转和其他八大行星一样逆时针顺向自转），使金星受到的太阳涡旋力大大减少，但还是有太阳涡旋力作用于金星，在金星的近日点大于远日点，由于近日点和远日点这对力的共同作用而对金星产生一顺时针力矩，迫使金星慢慢减少顺转速度直至出现逆自转（这里只作简单定性的分析，严格定量计算从略）。

到底金星为什么会发生逆向自转呢，还有待进一步探索。

金星上有海洋吗

金星和地球大小差不多，质量和密度也相接近，而且都有着浓密的大气，大气中都含有水蒸气。人们常把这两大行星称为"双胞胎"。地球上70%是海洋，那么金星上也有海洋吗？

美国艾姆斯研究中心的科学家波拉克·詹姆斯认为，在很久以前，金星上确实有过海洋，可现在这个海洋已经消失了。消失的原因可能有多种：一是太阳光把水蒸气离解为氢和氧，氢气由于重量轻而大量脱离金星；二是在金星演化的早期，内部曾散发出大量的还原气体，这些气体与水相互作用，从而使水分消耗掉；三是从金星内部喷出的炽热岩浆中的铁以及其他化合物与水相互作用，从而使水分消失；四是金星海洋的水本来是来自星球内部的，后来这些海水又循环回到金星地表以下。

有的科学家对詹姆斯的这几种推测提出了不同的看法：他们认为詹姆斯的几种推测，地球上同样也会出现，那么为什么地球上的海洋却没有消失呢？

美国爱阿华大学的弗兰克等人则认为，金星从来没有过海洋，金星探测器所探测到金星大气层里的少量水分并不是由海洋中蒸发出来的，而是由几十亿年来不断进入大气层的微小彗星的彗核所造成的，因为彗核的主要成分是水冰。

金星上究竟有过海洋吗，如果有，那么它又是如何消失的？至今还没有足够的证据令人信服。

木星起源的奥秘

太阳系中的天体最初形成时都起源于原始太阳星云中。原始太阳星云是由处于相对低温条件下的气体和尘埃组成的。由于气尘状星云的外形很像一个在宇宙中旋转着的大"铁饼",故俗称"气盘"。这个气盘中心面的温度相当低,只有$-170°$ K(绝对温标)。木星就是起源于这个原始太阳星云组成的气盘内。在太阳星云的尘埃成分中含有金属氧化物、硫化物、硅酸盐,可能还有水。而在星云的气体

△ 这是旅行者2号在1979年拍摄到的木星照片

成分中则含有氢、氦、甲烷、氨和水等挥发性元素,以及化合物。那么,在太阳星云中,天体是如何形成的呢?原来,当大量气体尘埃聚成较大的粒子并沉积在太阳星云的中心面内时,一种非稳定性机制导致这些尘粒的引力集中。

在大小只有几微米的尘粒集聚过程中,尘粒的体积像滚雪球一样将变得越来越大,最后变成直径约1~10毫米的更大的粒子。在引力的作用下,凝聚成生粒的物质将继续集聚,从而形成物质团。由于物质团相互碰撞,进而在太阳星云的气盘中心形成一层直径很小与行星相仿的小天体。这些小天体的引力是不稳定的,于是小天体的集聚区便成了诞生大质量天体的摇篮。当因互撞而形成的较大天体已增大到足以形成星核的程度时,即将形成的星核不

△ 木星著名的大红斑

能吸积着同它一起旋转的星云中的气体，天体的这一演化过程叫流体动力坍缩。因流体动力坍缩所释放出的能量能使氢射和电离，同时也使部分氦电离。大量而不断地吸积着星云中气体的星核就是雏形阶段的木星——原木星。原木星形成后，它将继续吸积星云中的各种物质，这就是木星的原始大气为什么是由氢和氦组成的缘故。原木星是由比地球质量大许多倍的凝聚物构成的。一般说来，因物质凝聚所形成的天体质量越大，就说明原始太阳星云气体尘埃的温度越低，而宇宙中的非稳定性机制将使星云中气体的流体动力坍缩趋向形成木星核的雏形方向发展。

木星的形成是由于星云物质局部引力集中的结果。形成木星星云的原始密度不超过10～11克/立方厘米，温度为40°K。假如在此之前太阳就已形成，那么这种星云的原始密度就是10～11克/立方厘米的5倍。那时的木星直径比现在大许多倍。以后木星再次发生缓慢的引力收缩并一直收缩到目前的直径。要知道，地球花费了大约106年的时间才增长到目前的质量，而10倍于地球质量的木星应该（由岩石和冰块物质组成）是在大约107年内形成。木星核再继续吸积气体，便形成木星。木星在收缩过程中，大部分能量不断增加，因此木星今天的亮度比过去增加很多。在木星的整个收缩期间，它仍具有和太阳相同的成分。

光怪陆离的木星大气之谜

当美国著名太空探测器"旅行者1号"在飞经木星时,对木星连续进行了二十多个小时的拍摄,从而获得大量的珍贵照片。这些照片清晰地记录了木星的加速旋转和木星在自转两周过程中,木星大气层个别部分的运动。条纹状白橙黄色的木星正在加速旋转,颜色深浅不一的纹带以不同的速度沿木星表面运动。纹带的外形和内部在不断地变换着形状和颜色。从照片上可以发现:木星暗云带之间的界线是不均匀的,由严重冲击破口形状的旋涡构成,好像冲击着海岸的浪涛。木星大气中各种气流紊流间的相互作用,在彩色照片上表现得最清楚。实际上,木星的大气环流比目前所想象得要复杂得多。

使科学家们极为关注的是木星大气中的异常部位,特别是大红斑。木星上著名的大红斑位于木星南纬侧20°地区,呈砖红色卵形。它的范围约有40×13000公里。大红斑的最大直径比我们地球的直径还大2倍。自1878年以来,天文学家们就定期观测到这个大红斑。

大红斑是木星大气中一个巨大的强旋涡,它是涡动的液态氢飓风,它在地球上6昼夜的时间里旋转一周。在大红斑的内部可清楚地看到气体的运动。大气中平行于木星赤道的气流好像在围绕着大红斑流动,同时形成奇特的涡旋。这种涡旋由于被卷入它内部气体的颜色不同而特别容易分辨。

在木星大气层中,除了那个著名的大红斑外,还有许多颜色深浅不一的小斑点在不断运动。这些部分在木星自转10小时的周期内变化着自己的形状。当一个小斑点绕另一个小斑点旋转几周后就开始向偏离它的方向运动,这一地区的直径有数百公里。

探秘太阳系未解之谜

木星会变成太阳吗

近年来，对于木星的考察表明：木星正在向其周围宇宙空间释放巨大能量，它所放出的能量是它所获得太阳能量的两倍。一般说来，只有当星核温度特别高时，至少不低于开氏温标2万度时，星体才有可能放出如此之强的热辐射流。

新的研究向科学家们揭示了一个有关木星的惊人秘密：木星是一个由液态氢构成的巨星体，它和太阳一样，没有极坚硬的固体表面。木星内部的能量释放，主要是通过对流的形式来实现。但是，射向周围空间的热辐射流是由较薄的大气表层中的辐射转移来调节的。可见，行星的演化速度关键取决于这个大气层表层的透明度。现已查明，木星的核心温度目前已高达28万K，一般说来，只要星核温度达到5000K，就可以使木星核气化。由于木星从前的内能积蓄极为丰富，因而保证了木星具有今天的亮度。此外，木星还有一个重要特性：当木星的半径缩小时，气压由气态大气层中的低压值迅速增大到木星3/4半径时的30帕。同时，氢分子的气压将向密度发生巨大飞跃的金属阶段过渡。这时，木星的中心压将达到100～1000帕。所以，离木星最近的几颗卫星的运行轨道对木星表面密度的变化特别敏感。

木星内部的液态金属成分说明了木星具有强磁场。因为极强的导电性和低黏度可以产生液磁流机制。正是这种液磁流机制，才使木星能够自转并导致液态金属中的热对流。这种机制还可使木星具有内外磁场。木星内部能产生巨大能量的另一个原因就是，木星巨大的引力能正在缓慢地转换成热能的结果。

木星除了靠把自己的引力能转换成热能外，还不断掳获来自太阳的能量和其他一些物质。这些物质是以电子和质子流的形式向太阳系各处弥漫的

（也就是太阳风），由于木星不断吸积着太阳放出的携能粒子，所以它本身所具有的能量越来越大。

木星向周围空间放出的热能使离它最近的一颗伽利略卫星——木卫1所含的冰完全消失。但在其他3颗伽利略卫星，即木卫2、木卫3和木卫4上却仍旧含有冰。因此木卫的轨道离木星越远，卫星的冰质含量就越大。

在木星的连续演化过程中，当发生引力收缩和逐渐冷却时能释放出多余的热量。由此可见，木星演化的根本特点是，尽管太阳星云中的各种化合物已被吸入具有太阳比例的石质星核中，但是在木星的外壳中仍具有太阳比例的氢和氦。而"石"的含量相对氢和氦来说是变化的。

众所周知，太阳之所以能不断放射出大量的光和热，是因为在太阳内部时刻进行着两种热核反应：一种是质子——质子连锁反应，即由4个氢核聚合成1个氦核的反应；另一种是碳循环连锁反应，它也是由4个氢核聚合成一个氦核的反应。但是，太阳所拥有的大部分能量主要是靠前一种反应获得的。而木星是一个巨大的液态氢星球。所以，它本身已具备了无法比拟的天然核燃料，加之木星的中心温度目前已达到28万K，这就为进行热核反应所需的高温创造了良好开端。至于热核反应所需的高压条件，就木星目前的收缩速度和对太阳放出的能量及携能粒子的吸积特性来看，木星再经过几十亿年的演化后，中心压可达到最初发生热核反应时所需的压力水平。

一旦木星上爆发了大规模的热核反应，以千奇百怪的旋涡形式运动的木星大气层将充当释放木星热核能的"发射器"。所以，天文学家们通过研究得出一个惊人的结论：木星内部已积蓄了大量热核能源，它正孕育着像太阳上发生的那种热核反应，在经过几十亿年的演化后，这颗天文学家久视为行星的木星很可能演化成一颗太阳系中的第二颗恒星。

探秘太阳系未解之谜

木星究竟是恒星还是行星

木星难道仅仅是行星吗？为什么不能把它看做是颗未来的恒星，看做是正在向恒星方向发展的天体呢？读者也许会惊讶：这样提问题是否太荒唐了？20世纪80年代初，前苏联科学家苏切科夫提出木星也许是一颗正在发展中的恒星这种新见解之后，确实遭到了不少非议。但是，苏切科夫的意见也并非"空中楼阁"，毫无依据。他的主要观点是：木星内部在进行热核反应，它有自己的热核能源，应该归到"能自己发热、发光"的恒星类天体里去。

事情真是那样子吗？

木星离太阳比地球远得多，它接受到的太阳辐射也少得多，表面温度理所当然要低得多。根据计算得出的结果，木星表面温度应该是零下168℃。可是，地面观测得出来的温度是零下139℃，与计算值相差近30℃，这无论如何不可能是由误差造成的。让探测器在木星附近进行测量，准确程度理应更高些。"先驱者11号"于1974年12月飞掠木星时，测得的木星表面温度为零下148℃，仍比理论值高出不少，说明木星有自己的内部热源。

对木星进行红外线测量也反映出类似的情况。如果木星内部没有热源，它吸收到的热量和支出的应该达到平衡，地球和水星等类的行星的情况正是这样。木星却不然，它是支大于入，约大1.5～2.0倍。这超支的能量从哪里来呢？很明显，只能由它自己内部的热源予以补贴。

木星是一颗以氢为主要成分的天体，这与我们的地球有很大的差异，而与太阳相似。木星与太阳这两个天体的大气，都包含约90%的氢和约10%的氦，以及很少量的其他气体。关于木星的内部结构，现在建立的模型认为它的表面并非固体状，整个行星处于流体状态。木星的中心部分大概是个固体核，主要由铁和硅组成，那里的温度至少可以有30000℃。核的外面是两层氢，先是一层处于液态金属氢状态的氢，接着是一层处于液态分子氢状态的氢，这两层合称为木星幔。再往上，氢以气体状态成为大气的主要成分。

具有如此结构的天体，其中心能否发生热核反应而产生出所需的能量来呢？许多人认为是可疑的，甚至是不可能的。况且木星的质量并没有达到太阳质量的7%。

△ "伽利略"号木星探测器能测量木星大气

比起太阳来，木星确实有点"小巫见大巫"。称"霸"其他行星的木星，体积只有太阳的千分之一，质量只及太阳的1/1047，即约0.001个太阳质量，而中心温度也只有太阳的五百分之一。有人认为，这并不妨碍木星内部存在热源，因为它是在木星形成过程中产生并积累起来的。

前苏联学者苏切科夫等的意见是颇为新颖的。他认为木星内部正进行着热核反应，核心的温度高得惊人，至少有28万度，而且还将变得越来越热，释放更多的能量，释放的速度也将进一步加快。换句话说，木星在逐渐变热，最终会变成一颗名副其实的恒星。

我国学者刘金沂对行星亮度的研究，从一个侧面提供了证据。他发现在过去漫长的一段历史时期里，水星、金星、火星和土星的亮度都有减小的趋势，唯独木星的亮度在增大。如果前述四行星的亮度减小与所谓的太阳正在收缩、亮度在减弱有关，那么木星亮度增大的原因一定是在木星本身。刘金沂得出的结论是：在最近的两千年中，木星的亮度每千年增大约0.003等。这无异对苏切科夫等的观点作了注释。

此外，太阳不仅每时每刻向外辐射出巨大的能量，同时也以太阳风等形式持续不断地向外抛射各种物质微粒。它们在行星际空间前进时，木星自然会俘获其中相当一部分。这样的话，一方面，木星的质量日积月累不断增加，逐渐接近和达到成为一个恒星所必需的最低条件；另一方面，在截获来自太阳的各种粒子时，木星当然也就获得了它们所携带的能量。换言之，太阳以自己的日渐衰弱来促使木星日渐壮大，最后达到两者几乎并驾齐驱的程度，使木星成为恒星。

这个过程据说大致需要30亿年的时间。那时，现在的太阳系将成为以太阳和木星为两主体的双星系统；也有可能木星在其"成长"的过程中，把一些小天体俘获过来，建立以自己为中心天体的另一个"太阳系"，与仍以现在太阳为中心天体的太阳系，平起平坐。不管是哪种形式的变化，目前太阳系的全部天体，包括大小行星乃至彗星等，都将有较大幅度地变动。

这种大变迁会带来什么后果呢，特别是地球和地球上的人类该怎么办呢？一种观点认为，事物发生变化那是必然的，至于是否像前面提到的那样，木星变成恒星那样的天体，这只是一家之见，何况还有30亿年的漫长岁月呢！

像木星内部结构之类的问题，本来就是一个假说不少、争论颇多的领域。苏切科夫等人的观点只不过使得争论更加热烈而已。在目前的观测水平和理论水平不完善的情况下，像"木星是否正在向恒星方向演变"之类的重大自然科学之谜，不仅现在无法解答，即使是在可以预见到的将来，恐怕也未必能理出个头绪。在很长的一段历史时期里，它无疑将会一直成为科学家们孜孜不倦探讨的课题。

木卫二上可能存在生命吗

1979年3月，当美国发射的"旅行者"号空间探测器飞临木星的卫星之一——木卫二上空时，竟发现它的表面布满了清晰可辨的冰壳的裂纹：长达上千千米，宽数十千米，深一二百米。尤其引人注目的是，裂缝轮廓分明，具有明显的褐色。光谱分析表明，这些褐色的东西很可能是有机聚合物。

△ 木卫2

1995年12月，美国发射的木星探测器"伽利略"号进入环绕木星运行的轨道。后来，它多次掠过木卫二，不断向地球传送了许多有关木卫二的信息。不久前，"伽利略"号发回的最新信息令美国宇航局的科学家们欣喜若狂：木卫二厚厚的冰层下可能蕴藏着极其丰富的水，这使人们对木卫二上可能存在的生命充满了探寻的渴望。

给这种渴望以有力支持的是一项来自地球本身的发现。原来，在地球的南极圈内，有一些常年冰封的湖泊。当南极的阳光穿透厚厚的冰层照射到冰湖的最下面时，可以说已经极其微弱了。然而，当人们潜入这终年冰冷的湖底时，却意外地发现那里生活着一大片蓝绿色的海藻。其生命是如此顽强，这不能不让人赞叹。联想到木卫二上那些可能存在的有机物，受到的光照并不比南极的冰湖少，所以生命在那些冰壳的裂缝处繁殖和生存是完全有可能的。

当然，木卫二上究竟有没有生命，还有待人们去进一步考察。

探秘太阳系未解之谜

水星内核之谜

早在公元前3000年的苏美尔时代,人们便发现了水星,古希腊人赋予了它两个名字:当它初现于清晨时称为阿波罗,当它闪烁于夜空时称为赫耳墨斯。不过,古希腊天文学家们知道这两个名字实际上指的是同一颗星星,公元前5世纪的希腊哲学家赫拉克赖脱甚至认为水星与金星并非环绕地球,而是环绕着太阳在运行。

△ 水星

质量只有地球1/20的水星,是距离太阳最近的行星,也是最为神秘的天体之一。比如,它的内核的特性就一直是个谜。传统的观点认为,由于水星个头太小,因此在长达数十亿年的演化过程中,其内核应已冷却成固体的铁。但约30年前,"水手十号"探测器掠过水星时却惊奇地发现,水星也存在磁场,虽然其强度只有地球的1%左右。要知道,金星是没有磁场的,火星和月球虽然曾经存在过磁场,但现在都已过了活跃期。

当然,存在磁场并不代表水星的内核就和地球一样是流动的,因为可能的形成机制有很多种。一直到最近,美国康奈尔大学的天文学家才利用直接观测到的数据,证明水星的内核至少是部分熔化的,或者说是流动的。

要判断内核是否流动,从原理上说并不困难:我们只要让鸡蛋旋转起来,一旦旋转被破坏就很容易分辨出哪个是生的,哪个是熟的。同样,科学家们向水星表面发送雷达信号,通过精确测量回声中显示的不规则性斑点,就可以了解其纵向振动的特性——由于水星的形状存在微小的不对称性,因此在围绕太阳旋转时,会产生极小的扭曲。

研究发现,水星这一振动幅度,是全固体行星模型预测值的2倍。最可

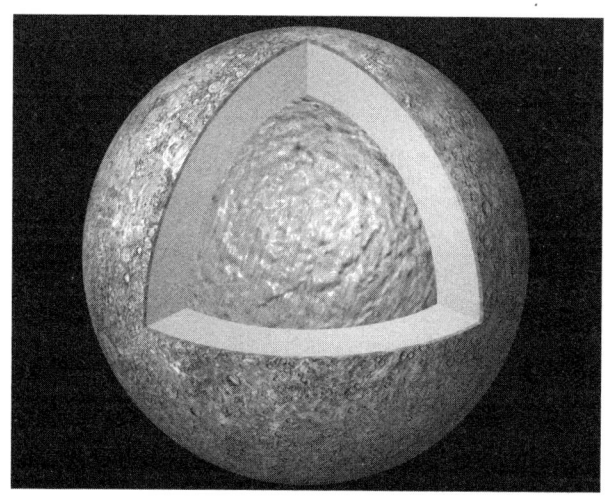

△ 水星内核示意图

能的解释就是水星内核的旋转速度和外壳不同,即内核是处于流动状态的。如果水星内核真是液态的话,那么对于理解水星的形成以及演化,将具有十分重要的意义。

要想在漫长的进化中保持液态,就要求水星内核材料的熔点必须足够低,即至少含有1‰的硫。但水星距离太阳是如此之近,温度太高;如果它一开始就位于现在的位置,那么在形成太阳系的原始星云中,硫根本就无法凝聚。这就意味着,水星很可能是由大量在不同轨道上围绕太阳运行的小行星体共同形成的。

目前,对于水星内核的了解仍然是初步的,比如其大小我们并不清楚。2004年发射的"信使号"探测器,将在2011年最终进入绕水星轨道飞行的阶段。届时,或许我们能够洞察这个神秘行星的更多秘密。

探秘太阳系未解之谜

水星冰山之谜

　　看到水星的名字，人们脑海里总会产生这样的联想：水星上面有水吗，水星和水有何关联呢？早在古代，日、月和五颗行星就能被肉眼观测到。它们在天空移动而且明亮，能发出连续不断的光，而那些遥远的星星，看来位置稳定，闪闪烁烁。我们的祖先，就给了日、月、五颗行星以特殊的位置，想象它们是主宰物质世界的化身或是天神的住地。在西方，古罗马人看到水星绕太阳公转一周的时间最少，运行得最快，所以把希腊神话中一个跑得最快的信使"墨丘利"的名字给了水星。

　　在中国，古时盛行用阴阳五行说，把宇宙简化成阴阳两大系统，揭示了自然万物的构成变化，"阴阳者，天地之道也"。为反映阴阳两大系统的动态变化，又引申出金、木、水、火、土五行的相生相克、互相承接或制约，"阳变阴合，而生水、火、木、金、土"。宇宙万物是统一的，天、地、人也是三位一体。总之，任何事物的构成变化都可以用阴阳五行说来解释。在天，就为日月星；在地，就为珠玉金；在人，为耳目口。于是，日月的名字分别又叫太阳、太阴，五大行星又可以用五行来表示，就有了现在的水星、金星、火星、木星、土星的名称。它反映了炎黄子孙特有的智慧和思维方式，是东方的精神文化之花。难怪法兰西有句格言："结论取决于观点。"行星的名字，可以反映当时的观点，流传到现在，成为人们习惯的称呼。看来，水星和水不是一回事。

　　从现代天文观测上来看，水星上有水吗？"水手1号"对水星天气的观测表明，水星最高温427℃，最低温-173℃，水星表面没有任何液体水存在的痕迹。就算是我们给水星送去水，水星表面的高温会使液体和气体分子的运动速度加快，足以逃出水星的引力场。也就是说，要不了多久，水和蒸气会全部跑到宇宙空间，逃得无影无踪了。

水星大气中有水蒸气吗？水星上的大气非常稀薄，大气压力不到地球大气压力的一百万亿分之一，水星大气主要成分是氮、氢、氧、碳等。水星质量小，本身吸引力不能把大气保留住，大气会不断地向空中飞逸。现在的稀薄大气可能靠了太阳不断地抛射太阳风来补充。从成分上，两者也有相似性，太阳风的大部分成分就是氢、氮的原子核和电子。从水星光谱分析来看，水星有点大气，但大气中没有水。这已是普遍公认的事实了。

然而宇宙的奥妙无穷，常会有人们意想不到的事发生。没有液体水，没有水蒸气的水星，却"发现了冰山"。1991年8月，水星飞至离太阳最近点，美国天文学家用27个雷达天线的巨型天文望远镜在新墨西哥州对水星观测，得出了破天荒的结论——水星表面的阴影处，存在着以冰山形式出现的水。冰山直径15～60千米，多达20处，最大的可达到130千米，都是在太阳从未照射到的火山口内和山谷之中的阴暗处，那里的温度在-170℃。它们都位于极地，那里通常在-100℃，隐藏着30亿年前生成的冰山。由于水星表面的真空状态，冰山每10亿年才溶化8米左右。

天文学家是这样解释水星冰山形成的：水星形成时，内核先凝固并发生剧烈的抖动，水星表面形成褶皱——高山，同时火山爆发频繁，陨星和彗星又多次相冲击，水星表面坑坑洼洼。至于水是水星原来就有的，还是后来由陨星和彗星带来的，看法上还有许多分歧。

虽然水星有水的说法尚待证实，但有水就有生命。或许，这就是美国科学家们的新发现之所以引起学术界浓厚兴趣的最重要原因吧。

水星自转周期之谜

1889年，意大利天文学家夏帕里利经过对水星多年观测后宣布：水星的自转周期等于它的公转周期，都是88天；因此，它的一面总是朝着太阳（类似月球那样总以一面朝着地球），另一面则永远背向太阳。长期以来，人们对水星这种运动深信不疑。

△ 水星表面

1965年，美国天文学家戈登·佩廷吉尔和罗·戴斯，借助于世界上迄今最大的射电望远镜——位于波多黎各的阿雷西博天文台，成功地观测了水星的自转。

这架巨型射电天文望远镜，其抛物面天线直径为305米，是在波多黎各的一个死火山喷口加以修整的基础上设置的。佩廷吉尔和戴斯用无线电波测量了水星两个边缘反射波间的频率差，得出水星的自转周期是58.646天，正好是公转周期的2/3。他们的观测结果被以后的光学观测以及美国20世纪60年代发射的"水手10号"探测结果所证明。从此，彻底推翻了水星自转周期为88天的错误观点。

科学家们认为，水星的自转速度原来可能很高，由于太阳潮汐力的作用，其自转速度才逐渐减慢至目前的状况，水星自转周期约为59天，可以揭示出这样一个事实,水星从近日点出发,绕太阳公转一周(88天)又回到近日点这段时间,水星本身正好自转了一圈半,换了一个面朝着太阳。也就是说,水星在绕日运行2圈时,它自转了3圈。两种周期的比例为2∶3。这种现象,在天体力学上称为自

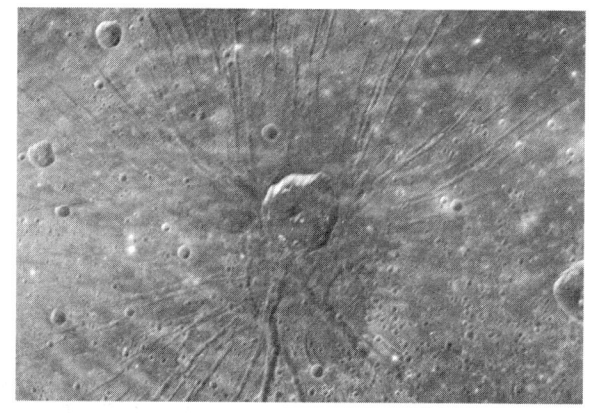

△ 水星上蜘蛛状陨石坑

转—公转耦合现象。这种行星动力学演化的结果,为研究太阳系起源和演化提供了一个依据。

新的观测表明,水星是有昼夜交替现象的。耐人寻味的是水星上的一"天"(称为一个水星日)却长达176"地球天",即4224小时。水星自转一周并不等于一昼夜。由上述2∶3的两种周期比例关系,决定了水星88天白昼和88天黑夜的交替更迭。也就是说,水星自转三周才完成一次昼夜循环。通过天文望远镜,人们还可以观测到水星有类似月相的变化。水星的直径为4878千米,质量为$3.33×10^{23}$克,是地球质量的5.58%,平均密度为5.43克/立方厘米,比地球的平均密度略小,而大于其他大行星的平均密度。在过去很长时间里,人们认为水星是太阳系最小的行星,这是个误解。

探秘太阳系未解之谜

水星有卫星吗

1974年3月27日,"水手10号"飞行探测器飞经水星,探测仪器感应到理应不存在的剧烈的光波场。第二天它消失了,三天后它又出现了,并且这天体似乎在离开水星。一开始,天文学家们认为这是一颗恒星。但是他们却在两个完全不同的位置观测到它,并且众所周知,如此强烈的紫外线波是无法在星际媒介中传播很远的,除非这是一个离我们十分近的天体。难道是水星的卫星吗?

△ 至今未发现水星有卫星

经过一个令人激动的星期五,这个天体的速度已被估测出了,大约为4千米/秒,这个速度恰与卫星的速度相符。

这颗"卫星"究竟是什么呢?它从水星直飞过来,终于被确认为一颗热恒星Crateris。而那个强烈的发射场的由来及它如何能达到行星上却仍是个谜。有关水星卫星的故事便这样结束了,可与此同时,在天文学上又产生了另一种说法:强波并非如以往所认为的那样被星际媒质完全吸收。比如说,Gum星云已被证明能发射十分强烈的紫外线波,在夜空中成140度以540埃波长辐射。天文学家们又找到了新的探知点,这或许是天文学家观察"天堂"的又一扇"窗"吧。

"火神星"失踪之谜

水星是一颗比较难以观察到的行星,据说,提出太阳中心说的波兰天文学家哥白尼,一辈子都没有见过水星。这是因为它距离太阳很近,从地球上看起来,它与太阳之间角距离很小,从不超过28度,经常淹没在太阳中,人们自然就难得一睹它的"芳容"了。

不过,天文学家勒威耶仔细研究了尘封数百年的水星轨道的观测记录后,在它的"履历"中竟又发现了一件不可思议的事情:水星近日点进动明显反常。

什么是水星近日点进动呢?原来,当行星沿着椭圆形轨道绕太阳旋转时,它最靠近太阳的那一点即"近日点"会不断移动,水星近日点进动尤其明显。1859年,勒威耶根据多次观测发现所得到的水星近日点进动值,要比按照牛顿万有引力定律计算所得的理论值每世纪快38角秒。19世纪末,美国海军学院的纽康测得更精确的差值为43角秒。

如何合理解释这种异常现象呢?勒威耶受海王星发现的启发,大胆猜测有一颗水内行星正用"引力巨手"拉着水星在跳"交谊舞"。他根据牛顿定律预测了轨道,并命名为"武尔坎",这是古希腊神话中火神与锻冶之神赫菲斯托斯的罗马名字。

勒威耶的预言如一石激起千层浪。人们争先恐后地把天文望远镜一齐指向太阳方向,人人都想成为幸运的发现者,不少人还被阳光灼伤了眼。巴黎远郊乡镇一位姓勒斯卡博的小木匠,是个狂热的天文爱好者,不久便宣称在太阳圆面上看到了未知行星的投影,还说测得它的直径为水星的1/4。接着,不少人也跟着纷纷宣布"火神星找到了"勒威耶闻讯,欣喜若狂。

1859年的一天,这位巴黎天文台台长急匆匆乘着一辆马车,专程来到偏

探秘太阳系未解之谜

△ 火神星真的存在吗

僻小镇登门求教，一时传为佳话。原本腼腆拘谨的木匠受宠若惊，转身从工棚内搬出一堆长长的厚木板，指着上面说："都在这里了。"原来他以木当纸，把观测记录和计算推导统统写在木板上。写错了，就用刨子刨一下，顺手得很。

火神星的"发现"简直轰动了整个欧洲，巴黎科学院召开了紧急会议，请勒威耶作专题报告。勒威耶根据木匠提供的观测资料，修正了原有的轨道数值，得出火神星直径约是水星的1/4，离太阳约2100万千米，绕太阳一周约20天，下一次在日面上出现（即"凌日"）的日期是1877年3月22日。

但是，在勒威耶预报的"火神星"凌日的那天，却不见"火神星"的踪影。当时最流行的解释是"火神星被太阳吃掉了"！勒威耶对火神星的存在坚信不疑，因为他实在想不出水星近日点进动还有其他原因。1877年9月23日，他在临终时还在叮嘱人们："千万不要丧失信心！"

除了勒威耶，不见"火神"心不死的大有人在，其中最出名的要数德

国药剂师施瓦贝。他满怀一颗火热的心在自制望远镜旁苦苦恭候了17年,真可谓是"衣带渐宽终不悔,为伊消得人憔悴"。但是"火神星"依然冷酷无情,不为所动。

1915年,爱因斯坦发表了著名的广义相对论,轻而易举地回答了困扰天文学家多年的问题。根据广义相对论,他求得水星每100年进动值为42.91角秒,与观测值十分接近。许多人认为,这样一来,就根本不需要请出火神星来解释水星的怪异行动了。

但是一些天文学家仍然不肯就此善罢甘休。1970年3月8日,一个国际观测小组在墨西哥观测日全食,报告说看到了太阳旁边有颗很亮的行星。1973年6月30日,非洲发生日全食,比利时天文学家多森和赫克在肯尼亚拍摄了二十多张底片,照片显示太阳附近有一颗视星等(星的亮度等级,共分6等)为2等的天体,比水星还亮。但是这个"多森—赫克天体"从未获得国际天文学界的承认,人们认为这不过是比利时人底片上的一点瑕疵而已。1980年2月16日,我国云南省昆明出现日全食,中国科学院的日全食观测队仍然把搜寻"水内行星"作为重大课题。

1950年代以来,随着航天技术和相关技术突飞猛进,人类已有足够条件对水星轨道内天区进行实地探测。

1973年11月,美国专门发射了一艘水手10号宇宙飞船去找水内行星,在那里找了整整一年之久,结果徒劳而归。

1976年1月,联邦德国和美国联合发射了"太阳神2号"太空探测器,到达离太阳约0.3天文单位处,进入日心轨道成为人造行星。然而,还是不见火神星的一点踪影。

多少年过去了,火神星的存在与否依然是一个未解的谜。

探秘太阳系未解之谜

很久以来行星学家对火星为什么能全部保留其表面的二氧化碳大气感到迷惑,溢散到太空的气体必定以某种方式得到补充,在火星的土壤或极冠中有某种储藏,但迄今尚未发现。

1988年11月,美国地质勘探局和亚利桑那大学的科学家们宣布他们找到了答案。原来有一种叫做方柱石的矿物,地球上很稀少,但火星表面显然很丰富。这种方柱石矿物能在其晶体结构中以碳酸盐形式蓄积大量的二氧化碳。

地球上方柱石是一种琥珀色的不是很珍贵的宝石矿。它的组成部分包括钠、钙、钾、铝、硅、氯、碳、硫、氢和氧等化学元素。然而,未来的火星探险者大概不会拾得任何方柱石宝石,迄今探测到的矿石都非常小。科学家说,方柱石可能是覆盖着火星的尘埃的组成部分。

前些年八九月间,是最近的20年来地球离火星最近的时刻,科学家们利用3米望远镜上的新型分光仪来研究火星许多地区的光线的近红外线光谱。他们观测到5条与方柱石一样的吸收光谱带,从而肯定了他们的发现。

很多世纪以来,对火星上存在着生命的可能性,人类一直寄予极大的希望和兴趣。然而,宇宙探测器"水手9号"、"海盗号"从火星上发回的资料表明,火星上尘埃满天、荒漠满地,是没有生命的惨淡世界。

出乎意料的是,科学家发现火星上许多蜿蜒曲折的网状水道和星罗棋布的岛屿。为地球上的"沧海桑田",启示科学家们深入研究了火星漫长的周期变化规律。他们认为火星曾经有过更多的大气和更温暖的气候,而且可能有水在上面奔流过。火星上也出现过某种类型的生物,只是为了适应后来稀薄的水汽和缺水的情况,也许长期处于休眠状态,只要气候转暖,它们还会苏醒过来,再度繁衍生息。

# 为什么要警惕火星生命入侵地球

现在，科学家们可以确定地说，火星曾经历过水环境。要找到火星是否曾拥有生命体的答案，可能还需要很长的一段时间。但一些科学家发出警告说，地球必须做好预防措施，从现在起就假设火星上存在生命体，并避免这种未知生命体入侵、污染地球。科学家还警告说，潜在的致命微生物可能会随着人类探测火星时取得的样本被带到地球上。据英国《泰晤士报》报道，最新一期《科学》杂志登载美国地理勘测学会科学家杰弗里·卡格尔的文章说："在决定运送火星样本到地球，甚至将人类送到火星上之前，我们必须严肃考虑，如何对我们星球上的生物进行保护。"

在同期《科学》杂志上发表的文章还包括"机遇"号火星探测器发回地球的第一份正式数据分析报告。

在过去的一百年里，人类始终没有放弃寻找火星生命。随着时间的推移，找到长相类似人类的火星叔叔的想法已经逐渐被抛弃了。但火星上曾存在细菌或其他微生物的可能性还是有的。

人类对火星的探测存在着两种危险：一方面，地球微生物有可能被带到火星，破坏火星原始环境，甚至影响未来的研究；而另外一方面对人类的影响更直接，从火星上带回的微生物可能会对地球产生无法预知的影响。

当年阿波罗登月之后，也有科学家发出过类似的警告。当时宇航员在返回地球后曾被隔离过一段时间，以检查他们是否感染了"月球虫"。检查结果是：科学家并没有找到外星生物。不过，采取谨慎的态度是必需的。

探秘太阳系未解之谜

曾有"火星人"建造了金字塔吗

多少年来，人们公认的说法是，埃及金字塔是由埃及的奴隶们在公元前三千多年手工建造的，但这种说法却在今天受到了天文学家们的挑战。

近年来，天文科技的发展有了震撼性突破。人们惊喜地发现，位于火星球体的物质形状外表酷似金字塔，而且有着类似狮身人面相的面部特征造型！这一重大发现透视出火星与金字塔二者之间有着某种令人激动的微妙联系。

最近披露的消息说，开罗南部有一座神庙，其墙壁上发现有大量难以解释的壁画图案，画面清晰逼真地显示着高速快车、宇宙飞船等现代产物，而其中一架飞机的形状酷似美国数年前的阿帕齐755型飞机！

是5000年前古埃及人大智大慧的预言，抑或是当时文明存在的遗迹？为什么金字塔千古之谜会和火星有着剪不断、理还乱的千丝万缕的联系呢？

有一玄妙理论来自于20世纪40年代的美国预言家凯斯。埃德加·凯斯运用精神方法诱发潜在能量，据说当凯斯预言事物时，他身体平躺，双目微闭，双手交叉放在前额，这时一道闪电倏然出现，答案便由此而来。

在此后15年，新的理论观点称法老墓准确对着某些星宿，或许希望法老王死后早日升天。三座金字塔的排列与猎户星宿极为相似，即两颗是平行，一星稍偏离。对此专家霍格兰提出了大胆的设想：大约一万两千年前，一场史无前例的灾难几乎毁灭了火星上的生物，而火星上那些掌握最高科技的人群先有准备，离开火星，逃往地球。

假设如此，让我们不妨浪漫地想象一下，21世纪的人类也许在不久的将来登上火星，找到我们真正的历史，找到我们来时的路，找到我们原有的"家"。

火星上曾是一片汪洋吗

最新公布的一项研究结果显示,又有新证据证明火星上曾经一度是片汪洋,这意味着火星上有过生命出现的可能性大大增加。

在对火星大气中氢原子数量的测定结果进行分析之后,研究人员表示大量氢分子的存在说明火星曾经水源丰富,这就使得这颗红色星球上曾经出现过生命的可能性显著增加。

研究显示火星大气高层中包含着大量的氢原子,氢原子是组成水分子的主要元素,这些氢原子显然是水分子分解后形成的,因为氢原子的质量与构成水分子的氧原子相比较低,所以会升至大气高层。据称,这项研究是人类首次在火星大气中探测到氢原子。

▷ "勇气"号火星车。

探秘太阳系未解之谜

火星发出强大激光的谜团

激光是一种特殊的光，通常情况下只有人工才能产生。可是，美国航空和宇宙航行局戈达德航天中心的天文学家们，在火星的外围大气层中发现了一种二氧化碳激光，它发出的红外线热辐射，比科学家们设想的火星周围可能发出的正常辐射强10亿倍！这是怎么回事呢？

让我们先熟悉几个名词。我们知道，物质的原子、分子存在着低能态和高能态。在常温下，低能态原子多于高能态原子。通过加热等特殊处理，低能态原子被激发到高能态，即"受激态"。通常情况下，各种高能态原子各自放出不同颜色的光，这是普通光。如果一束单色光入射到受激原子上，当这些受激原子的能量与单色光相符时，入射光就被放大了，就会形成极强的光——激光。人工产生激光的方法是：将一束单色光射入一个两端装有反射镜的匣子中。匣子中装有某种受激物质（二氧化碳、氦等），受激物质使入射光产生振荡来回反射，就会产生激光。

火星上的激光是散布在火星大气层外围的二氧化碳分子发出来的，因为那里的温度低到-157℃，当被太阳光照射时，二氧化碳分子受到激发，成为受激物质。如果再有单色入射光，产生激光的基本条件就具备了。这单色入射光就是红外线。受激的二氧化碳分子蕴藏的能量在太阳光的照射下有一部分会释放出来，产生红外线热辐射，即发射出红外线光子，这些光子再去冲击其他受激的二氧化碳分子，就能产生激光。虽然放射出红外线光子的二氧化碳分子会失去一部分能量，但由于太阳光不断使二氧化碳分子受激产生能量，激光形成的整个过程始终不会中止。因此，火星外围的大气层就是一个巨大的激光器，只要有太阳光的照射，就会发出强大的激光。

火星上的标语之谜

在俄罗斯莫斯科一个大型的新闻发布会上,俄罗斯一位太空专家于特·波索夫宣布了一个惊人的消息:一艘由前苏联发往火星进行探测任务的无人太空船在1990年3月27日从火星荒凉的表面上拍到一个奇怪的警告标语后,便突然失去了一切消息。一些科学家猜测,它可能是被火星人给击毁了。

这个警告标语是用英文写着的"离开"两个字,从无线电传回的照片上看,这个巨大标语好像是用石块雕刻出来的,按比例估计,这两个字至少有半英里长。标语似乎是依着巨型山石凿出来的,从其光滑的表面看,可能是用激光切割成的。这条标语不像美国太空船"海盗1号"在火星拍到的神秘人面像那样古老,这个警告标语好像是最近才出现的。

火星人为什么要写这两个字呢?据波索夫博士说:"显然是针对地球人的。我想那一定是由于我们派出的火星太空船太多,扰乱到火星上生物的安宁,所以便发出这个警告,叫我们离开。"

波索夫博士透露说,他们派出的太空船,开始时一切都很顺利,但当它把上述写了警告字句的照片传回地球后,便神秘地失踪了。那艘太空船是被火星上的生物毁灭了,还是暂时被他们扣押了,现在还弄不清楚。他说:"如果我们先用无线电与那些火星人联络上,然后再派人到他们的星球,与之建立外交关系。我想他们是会接受的。"

波索夫博士公布的内容,立即震动了西方科学界,不少科学家对此深信不疑,认为这是人类太空探索历史上的一项最大发现。

探秘太阳系未解之谜

　　圣迭戈马林太空科学系统的两位科学家马林和埃吉特对火星地球勘探者号近两年发回的6.5万张照片进行了大量的分析和比较,最后筛选出200张,经过多方研究和查证,终于大胆提出:火星上存在水的时间距离我们比较近,最多也就是几百万年前或几千年前的事,甚至可以说,"火星现在就有水"。

　　据他们研究,火星上面有许许多多的山沟、溪谷和扇形的三角洲,这些很可能是水从火山口的悬崖峭壁上急流而下造成的。马林指出,火星地球勘探者号从太空发回的高清晰度照片上,一条条山沟、溪谷历历在目,与地球上的水流特点毫无二致。他们还发现照片上山沟、溪谷边的水印十分平滑,不像过去看到的火星照片上遍布火山口和到处是黑沉的样子,因而推断水流迹象是最近形成的。"这说明某些事情现在发生,或者说只过了一两年,"埃吉特说,"这些水流迹象十分年轻。"

　　许多专家认为,火星若果真有水,人类"红色星球"居住的梦想在不远的将来就会成为现实。水可以分解为化学成分氢和氧,这就能供机器人当燃料使用。从水中分离出的氧对人的用处就更大了,可以用来在未来人类"火星基地"内建立一个可供人呼吸的大气环境。

　　为此,国际火星学会正在积极准备建立空间站,以便训练宇航员以及相关设施的制作,我们希望人类登上火星居住的梦想早日实现。

火星"运河"之谜

在天文学历史，甚至科学历史上，恐怕再也没有比发现火星上的"运河"这件事情，更能引起轰动、更激动人心的了。因为如果承认火星上有运河，就等于承认了火星上有智慧生命的存在，这无疑是一个刺激人们浓厚兴趣的问题。

最早指出火星上有运河的，是意大利天文学家斯基阿帕雷利。他在1877年利用火星近日点与地球会合的最佳机会，通过口径24厘米的天文望远镜仔细地观察火星。他惊讶地发现：在火星的圆面上，有一些模糊不清的、颜色灰暗的直线条，这些"暗线"又把一个个"暗斑"连接起来。后来经过继续观察，他又发现了更多的暗线，有的暗线根据估算宽达120公里，长4800公里，纵横交错，形成覆盖火星大陆的网络。他还发现，在有些季节，有的暗线还会变成两条，相互平行。

这是一种很难想象的存在物，但斯基阿帕雷利毫不怀疑。他说："我绝对相信我所看到的东西。"他借用另一位意大利天文学家赛奇用过的意大利词canale来称呼这些暗线。这个词相当于英语的channel，意为沟渠或水道。斯基阿帕雷利后来还将自己的发现绘制成图表，公之于世。

开始，斯基阿帕雷利只是猜想这些暗线条是分割火星大陆、连接海湾的水道，他并未明确表示它们是人造的东西，还是火星上天然形成的；他更没有把这些灰暗的线条与人们在地球上开凿的人工运河等同起来。所以最初，人们并没有对他的发现给予过多的关注。但过了没有多久，即到了19世纪80年代，这个话题又异乎寻常地热门起来。原因就在于，有人把这些"暗线"解释为火星上"智慧生物"构筑的运河。最早提出这个具有"轰动效应"观点的，是美国的天文学家洛韦尔。

洛韦尔沉溺于斯基阿帕雷利的发现。为了便于观察火星，他自己出钱在大气稳定、气候干燥的亚利桑那州修建了一座天文台。经过多年的工作，洛韦尔和他的同事们不但证实了斯基阿帕雷利的发现，并且还新发现了几百条新的运河。他们认为，整个火星表面运河密布，像蜘蛛网一样。洛韦尔根据自己的观测结果，先后写成了三本书：《火星》、《火星及其运河》、《火星——生命的住所》。在这三

△ 这是美国宇航局海盗号环绕器拍摄的火星全球照片。图中可以清晰地看到巨大的"水手谷"。水手谷长约4000公里，深度约8公里。

本广为流传的书中，洛韦尔将观测结果与他的"设想"十分自信地结合在一起，反复宣传这样的观点：火星大气层空气十分稀薄，陆地表面又严重缺水，生物若要生存就需要解决水的问题；火星的极冠是由冰雪组成的，夏季冰雪消融，成为水源；密布火星表面的直线网络不能用自然现象解释，它们必定是火星上的某种智慧生物构筑的灌溉系统，其目的是将极地的水引向干旱的赤道区域；直线条在大陆中央交汇，显示出明确的意图；许多线条交错处的"暗斑"则是绿洲，它们是"火星文明"的一个个中心地带。

一个时期以来，似乎形成了如此局面：只要承认火星上暗线条的确实存在，洛韦尔的理论就是"令人信服"的。事实上，他的"火星文明说"的确令人神往，很快便赢得了世人的热情支持。一时之间，数不清的文章、演说，还有大量出版的科学幻想小说，使得"火星人"和"火星文明"变得妇孺皆知。热情支持洛韦尔的人们和受到人们热烈支持的洛韦尔的相互作用，更把事情推向了高潮。头脑发热的洛韦尔后来"越走越远"，他甚至宣称：火星早已是一个"高度发达的有组织的社会"，在这颗"战神之星"（火星

在西方是以神话中的战争之神马尔斯来命名的）上，由于文明的发达，早已没有了战争。必须承认，这些实际上拿不出多少根据的臆断，的确非常合乎绝大多数地球人类（他们反思自己的文明，憧憬未来，渴望和平）的胃口。

但是洛韦尔等人的理论并未得到所有人的支持。例如，著名的美国天文学家巴纳德就表示，他看到了火星表面的许多细节，但无法相信"运河"的存在。一些"运河"根本不是直线，通常的描述显得过于夸张。在能将"细节"看得更清楚的条件下，这些线条实际上很不规则，而且是断开的。希腊的安东尼阿迪用82厘米的望远镜观测，也只是看到形状毫不规则的暗线。而且随着观测活动的增多，能够发现这样一个观测规律：大气宁静度越好，那些暗线和斑点越是断续，反之，它们就连接、融合在一起。最后，这两位经验丰富的天文观测家都确信：所谓的"火星运河"是一种眼睛的错觉，它们的存在只"属于想象力过于丰富的人"。

英国科学家蒙德用一个极其简单的心理学实验，证明"火星运河"的确是人的视错觉。他先在一张大纸上随机地画上许多斑点、圆圈、椭圆、直线、波纹线和不规则的小点，然后让一群小学生坐在不同的位置上临摹。结果，坐在远处的学生往往会画出一系列有规则的直线。

上述反对观点的出现好像冷水浇头，关于"火星人"和"火星文明"的说法逐渐地沉寂了下来。但是不少人还是感觉到，以纯粹的"视觉错误"否认"火星运河"的存在，也似乎过于轻巧了。为了进一步广泛地研究、考察火星，同时揭开火星"运河"之谜，从1964~1977年，美国科学家连续向火星发射了"水手号"和"海盗号"两个序列共8个探测器。1971年11月，美国的"水手9号"探测器对火星的全部表面进行了高分辨率的照相。货真价实的照片让一些"火星迷"非常"失望"，因为它们明白无误地显示，这里没有洛韦尔等人听说的"火星人"，也没有所谓"绿洲"和高度发达的"火星文明"的存在。火星表面是和月球表面几乎一样的，完全干涸，死气沉沉。

然而，"水手9号"在基本否定洛韦尔的同时，也没有让他"难堪到底"。照片上显示，火星表面虽然没有一滴水，但是有许多类似河床的地质构造。根据一些科学家的分析，只有像水等易流动的液体，才能在火星表面冲刷形成这种"河床"。但这无疑是一些天然河床,决非"火星人"哪怕"曾经"创造的运河。另外,它们在具体位置和形状上,也都与洛韦尔所描绘的大相径庭。

马上有人对这些河床产生了浓厚的研究兴趣。

△ "水手"4号火星探测器

1975年,有研究者将火星上的河床分成了三大类:径流河床、流出河床和侵蚀河床。其中的径流河床与地球上的河流十分相似。有人认为,这些径流河床非常令人信服地说明,火星上曾有过能让水在其表面自由流动的条件。而径流河床多出现在古老的环形山地,这就表明它们年代很久远。一些孜孜不倦的科学家通过进一步搜集证据、仔细分析后认为,在大约30亿年以前,火星上有比现在更温暖的气候,有比现在更浓密的大气允许水的存在和流动,甚至像地球一样有降水过程补充水源。20世纪90年代以后,"火星探测者"和环火星探测器又发回了大量的照片。科学家们对这些珍贵的资料逐一进行了分析研究,他们发现有一处高出地表约4000米的陡崖,明显是由一系列岩层构成,有岩石崩塌的痕迹;他们还发现一些峡谷底部有干涸的"水塘"和巨型卵石。鉴于这些"被洪水冲刷的痕迹"非常明显,他们认为在38亿年前,火星上确实曾经有过汹涌的洪水。

同样让科学家感到迷惑不解的是,如果火星上曾经有水有河,或者发过漫无边际的大洪水,这些水后来到哪里去了呢?有人认为,火星早期火山活动频繁,并且喷出大量浓厚的原始大气,使得火星表面温暖如春。于是,覆盖两极的白色冰雪"极冠"慢慢融化,形成河水滚滚的壮丽景观。但后来火山活动减少,大气变得稀薄,气候也寒冷干燥,河水便干涸了。

还有一部分人认为,火星失水的原因,大概是因为遭到过卫星的撞击。持这种观点的人认为,火星在久远的过去,一定有过多于目前"火星-1"、

△ 未来人类去火星，必须要保证食物供养

"火星—2"的卫星。也许就是原本存在的"火星—3"的那颗卫星，它忽然被火星的引力拉裂；有些碎片散逸于宇宙空间，更多的碎片则纷纷"投靠"，"不知轻重"地撞击到火星表面。撞击产生了强烈的高温，不仅融化了岩石、毁灭了植被，而且使得火星大气中的各种气体离子化，从而毁灭了火星上的生命，也毁灭了充足的氧气和水。

另一部分人认为，火星的历史早期，大气层中有厚厚的二氧化碳；也有适合水存在的温度。后来，气候逐渐变暖，类似地球的"温室效应"发生了；但它不属于普通类型的温室效应，是足以导致火星气候发生根本改变的恶性循环，这样大气变得稀薄、干燥、寒冷，水逐渐消失得无影无踪了。

这真是所谓旧的谜团刚解开，新的迷雾扑面而来。科学探索本身就是一个"连环套"的智力冒险游戏。得出结论固然需要有科学的证据，但是每一代科学家都有自己的责任，他们毕竟不能等到完全掌握了"所有的证据"，才下郑重、精确的结论。科学探索需要脚踏实地，但如果没有各种假说、推理甚至幻想，科学探索一定非常枯燥不堪，人类前进的步子一定很慢。

火星有卫星吗

第一个火星有卫星的猜测是在1610年开普勒提出的。在试图解决伽利略有关土星光环的等速问题时,开普勒认为伽利略可能找到了火星的卫星。

1643年,Capuchin的修道士Anton·Maria·Shyrl声称看到了火星的卫星。我们现在知道单凭当时的望远镜是根本无法观察到的——或许Shyrl看到的只是离火星较近的一颗恒星罢了。

△ 火卫一

1727年,Jonathan Swift在《格列佛游记》中写了火星的两颗卫星,却鲜为人知。它们的运行周期为10小时和21.5小时。这两颗卫星在1750年Voltaire的小说《Micromegas》中又被沿用,故事是描写一个天狼星的巨人来访我们的太阳系。

1747年,一位德国船长Kindermann说他看到了火星的卫星(只有一颗)。Kindermann说他是在1744年7月10日看到的,他还提供了这颗卫星的运行周期:59小时50分钟零6秒。

1877年,Asaph·Hall终于发现了Phobos火卫一和Deimos火卫二这两颗火星的小卫星。它们的运行周期分别为7小时39分钟和30小时18分钟,与Jonathan·Swift在150年之前所预测的十分接近。

土星的卫星之谜

土星的卫星共有23个,是太阳系当之无愧的卫星大家族。

在20世纪70年代,能在地面上发现的卫星都已找到了,那时候,土星有10颗卫星,还排在木星的后面(木星当时发现12颗卫星)。短短二十多年,卫星的数目翻了1倍多,这是为什么呢?

20世纪70年代以来,太阳系探索已经进入新纪元——派遣宇宙飞船进行近距离考察,甚至登陆行星。我们对各大行星的认识翻开新的一页,各个行星也展露真颜,各自卫星的数目一再改写。迄今为止,土星以23颗卫星一跃而起,荣登太阳系第一大卫星家族的宝座。

我们回顾一下飞船"寻卫"的历程:

美国"先驱者11号"首立新功。

1973年4N上天的"先驱者11号"在9月到达土星,不但证实了以前推测的土卫十一的存在,而且发现了土星新卫星——土卫十二,因此,土卫十二为纪念这一功绩,特起名"先驱者号"。

美国"旅行者2号"和"旅行者1号"再建奇功。

1977年8月和9月腾空而起,它们从1979年3月开始先后飞越木星、土星和天王星。"旅行者2号"还在1989年8月飞掠海王星。这两艘飞船在考察行星同时,先后发现的新卫星多达30颗。属于土星的有11颗,其中"旅行者1号"在1980年10月26日和11月10日,发现5颗卫星,"旅行者2号"在1981年8月25日,又发现6颗卫星。属于木星的有3颗,属于天王星的有10颗,属于海王星的有6颗。

以上3颗探测器到过土星,但只是飞掠,未作长久逗留,1997年10月15日,"卡西尼"号开始了奔向土星的旅程,经过长达7年的长途跋涉,将于

探秘太阳系未解之谜

2004年7月飞临土星,进入绕土星运行轨道。并且将对土星及卫星进行深入研究。"卡西尼"计划无论从科学项目、飞行时间、飞行路线还是飞船结构来看,都堪称20世纪最大的一次行星考察计划。我们正期待带来更多关于土星及卫星的信息,让我们更清楚地目睹卫星的风采。

土星的卫星翻了番,太阳系的卫星世界也热闹起来,现已知卫星总数66颗,还没包括有光环的那几颗行星——木星、土星、天王、海王可能存在的更小的卫星状天体。

在众多的围绕土星的卫星中。最外面的一颗是土卫九。土卫九到土星的平均距离是1300万公里,相当于月球到地球距离的35倍。

绕土星运行一周需费时550天。土卫九不仅最远,它沿着"错误方向"进行,是逆行的。在众多卫星兄弟们整齐统一的前进方向中特别"别扭"。太阳系绝大多数卫星围绕中心行星运行的方向,都与这些行星的自转方向相同,行星也以这个方向绕太阳运行。然而土卫九却是少数几颗反其道而行的卫星之一,看上去它围绕土星向后面退行。距土星最近的是土卫十五,它与土星距离约13.7万公里,只有月球到地球距离的1/3,仅为卫星到土星中心的2.3个土星半径,公转周期也短,只有0.601天,换句话说,绕巨大的土星转一圈,半天多一点就足够了。

有趣的是,23颗形形色色的卫星,并不是每星都有资格拥有专用轨道的。土卫四和土卫十二共用一条轨道,土卫十和土卫十一也同处一个轨道,而土卫三、土卫十六、土卫十七则三星共行在一条轨道上。土星卫星和光环也很有"缘",土卫十三和土卫十四就分居F光环的里侧和外侧,把光环夹在中间,它们像牧羊人保护羊群一样,由此得到一个动听的名字"牧羊人卫星"。

从运行轨道看,土卫九是逆行卫星,土卫八顺行卫星。二者看来关系不大,于是一些科学家的看法是,大约在1亿年前,土卫八被彗星撞击,导致水分消散了,但在以后的100万年里,暗物质重新聚集到前半球上……

至于土卫八的真面目是什么,也要留待天文学家们继续探索。我们也期待21世纪有更多的宇宙飞船探测计划,能解开庞大的土星世界的疑谜。

 土卫六像40亿年前的地球吗

尽管卡西尼号探测器已经拍回了众多图片，但对于土卫六的点滴发现直到今天依然有着轰动效应。因为这是太阳系中，大气环境最接近地球的天体之一。近日，美国宇航局卡西尼项目小组发表报告说，卡西尼飞船上几部高科技观测仪器最新拍摄发回的土卫六图像显示，土卫六上可能存在液态海洋。这一发现使土卫六更接近40亿年前的地球，它也因此再度成为天文学界关注的焦点。

等待千年才会下一次雨，落下的却是甲烷液滴；液态甲烷的洪流在地表冲蚀出了河流与湖泊；地表出现—180℃的超低温；目力所及之处，一片荒芜景象……这就是天文学家为我们描绘的土星第一大卫星——土卫六上的情景。

不过，这还不足以说明天文学家为什么对它倾注如此大的热情——事实上，土卫六最吸引人之处在于，它与太阳系内的其他卫星不同，表面包裹着一层厚重的大气，并在大气之下孕育出一个与地球环境非常接近的土卫六环境。

作为太阳系内最重要的五大行星之一，土星已经为人类熟知。古代中国天文学家将其称为镇星，认为它具有五行之中"土"的德行。

1610年，伽利略借助自己新近改良的望远镜，观察到土星周围存在一个模糊的区域。由于这个望远镜还相当简陋，因此伽利略认为土星旁边伴有小型天体，导致出现了这一情况。1656年，荷兰天文学家克里斯蒂安·惠更斯利用更加精准的望远镜，辨识出了土星球的真实面目。惠更斯还在土星环外侧观察到一个微弱的光点。因为土星的拉西文名源于萨图努斯，希腊神话中提坦神族的一员，他于是将这一光点命名为提坦。这个橙色的天体，就是土

卫六。为了纪念惠更斯发现土卫六的工作,后来的土卫六探测器便以他的名字命名。

20世纪40年代,天文学家发现了围绕土卫六表面包裹着一层雾霭,因此无法观察到其表面的真实状况。这表明土卫六有着非常稠密的大气层,也是其不同于太阳系中其他卫星的。"最初,天文学家通过地面仪器发现,土卫六可能是唯一有大气的卫星。"国家天文台研究员李竞指出,早在数十年前,天文学家通过地面观测,随后有天文学家推测土卫六大气中存在着氮气及甲烷,进而认为土卫六可能会有湖泊或海洋。

"如果我们站在土卫六上,看不到蔚蓝的天空,而只能看到一个粉红色或者橙色的天空。"李竞指出土卫六大气中大量存在甲烷,这造就了它瑰丽神奇的外貌。

20世纪70年代发射上天的"先驱者"11号、"旅行者"1号和"和蔼可亲"号飞船,于1979年、1980年和1981年飞掠土星,对土星及土卫家族进行了近距离探测,得到了最初的资料。

此后,便不断有天文学家根据它们发回的图像推测,土卫六可能存在液体,甚至可能存在生命的最初痕迹。

一、海洋——"卡西尼"抓住了新证据

不过,也正是由于土卫六外面这厚厚的一层橙色大气,人类一直未能观察到"提坦"表面的真实面目。

1997年,美国宇航局发射的"卡西尼"号土星探测器发射升空。2004年,卡西尼顺利抵达土星,开始了为期至少4年的探索。随后,土星的信息不断地被送回地球。2006年7月22日,"卡西尼"号掠过土卫六时,传回了首批关于土卫六的雷达图像。

科学家们终于得以观察土卫六表面的湖光山色。

图像显示,土卫六北半球高纬度地区存在大量湖泊,总数超过75个。其大小从方圆2平方千米到64平方千米不等。此外,科学家还从卡西尼探测器2005年10月25日发回的图像中发现,土卫六的赤道以南有一座长约150千米的山脉,山脉顶端看似白雪皑皑。不过,那山上积聚的或许并非是水凝结的冰雪，而是甲烷雪或者其他有机物。

不过，更大的水域很快便进入了天文学家的视野。10月13日，美国宇航局卡西尼项目小组宣布，他们在传回的图像中发现了海洋。这些海洋位于土卫六北极附近，呈深黑色，其中最大的一片面积超过10万平方千米，向南一直延伸到土卫六北纬55°左右。研究者推算其总面积超过五大湖的总面积，与里海相当。科学家们表示，目前雷达探测到的还只是这些深黑色区域的一部分，因此现在所能探测到的还只是土卫六上"海洋"的最小面积。而且依据现有资料，科学家们还无法确认土卫六海洋中流动的是不是液态水，但科学家认为无论是卡西尼号雷达照片显示的形状，还是明暗程度都说明土卫六上存在着由流动液体汇成的海洋。

负责处理"卡西尼"号探测器传回的图像的美国亚利桑那大学天文学家乔纳森·鲁尼表示："我们一直怀疑土卫六表面有海洋，现在多种仪器为我们证实了这一切——我们的任务原来就是要在提坦上发现海洋或者湖泊。迄今为止，我们先是发现了湖泊，现在又发现了海洋。"不过，中国天文学家指出，就此认定土卫六上有流动的海洋还为时过早。"土卫六离我们很远，探测器只是拍到了一些照片。但由于土卫六表面覆盖着浓密大气，透过大气看到的土卫六表面并不清晰。"北京天文学会秘书长、北京天文馆副研究员景海荣表示，目前还无法得出确切的答案。李竞也表示"卡西尼"每次经过土卫六都会从不同角度进行拍摄，已经获得了几十万幅图像，这些图像为我们详细描绘了土卫六表面的情况，但现在离形成确定的认识还有一定距离。

二、生命——液体循环孕育希望

在乔纳森·鲁尼等科学家看来，关键问题在于土卫六不仅是已知的唯一有大气层的卫星，还可能是第一个发现有活跃、流动的液态循环的地外天体。当然，构成这种流动循环的并非地球上常见的水。土卫六大气层主要由氮构成，科学家一直认为在土卫六上存在着由碳氢化合物构成的液体海洋。

如今，"卡西尼"号终于发现了海洋的证据。

李竞指出，由于距太阳过于遥远，土卫六的表面温度低达$-180℃$，更准确的说法是$-150 \sim -200℃$之间。"由于温度低，所以在土卫六上流动的不可能是水，而是某种冰点非常低的液体。"景海荣称，天文学界普遍认为这种液体是甲烷或乙烷——在极低温环境中，原本以气体存在的甲烷被液化了。

李竞认为这些甲烷在土卫六地壳之下：甲烷在土卫六地壳深处温暖的水或有机物质中酝酿生成，并储存在冰沉积物中。其中一些甲烷溢散到大气层，随后以雨的形式降落回地面。随后，甲烷河流再汇聚成湖泊或海洋。与此同时，太阳紫外线和其他辐射则把另一些甲烷分子转变为更为复杂的有机合成物。

事实上，大家所关注的焦点并未放在甲烷的产生上，而是这种流动的液态循环地外天体，让我们看到了地球以外生命存在的可能性。"这一点与我们在火星上发现的水或者冰的痕迹类似。"景海荣指出，通过现有的观测，进而比照地球生命的出现形式，一般认为太阳系中的行星——火星，及卫星土卫六、土卫二上都可能曾有过生命痕迹，比如一些简单的微生物。"因为在这些星球上都曾有过液体。"无独有偶，就在卡西尼小组发表土卫六上有海洋的发现后，仅隔了两天，美国宇航局另一个研究小组便表示，一艘绕火星轨道飞行的太空船日前在火星南极地区发现了大量冰水沉积物，如果将它们转化为液态水，火星表面将可覆盖约11米深的液态水。

研究人员们将研究成果发表在《科学》杂志网络版上。文章指出，新近发现的这片冰沉积物处于极地冰冠之下，厚达2.3米，含有至少90%的冰冻水及少量尘埃物质。此前，科学家已经多次报告发现火星极地冰冻水，不过此次研究却测量出了冰冻水的最精确面积。领导此次研究的美国宇航局喷气推进实验室科学家杰弗里·普朗特指出，此次所采用的新设备已经发挥了其最大功效，研究人员还希望对火星北极地带也进行精确的探测。普朗特等研究员指出生命生存需要水，越了解火星水的状况，也就越有可能找到火星生命的痕迹。

三、回溯——窥探40亿年前的地球

天文学家或许能从流动的液态循环中找到孕育生命的痕迹，但这还不是土卫六最吸引人的地方。

事实上，科学家希望借助这颗卫星找回40亿年前地球的模样。"其实，发射'卡西尼·惠更斯'号探测器的初衷就是为了了解40亿年前的地球。"李竞直言。

土卫六是太阳系唯一一颗拥有浓密大气层的卫星,且大气的主要成分与地球大气非常相似——都是氮气,并包含甲烷以及一些简单的有机分子。氮气是生命的关键成分。这一切土卫六都具备了。

让我们回到40亿年前,重新观察这个我们赖以生存的地球。那时,地球刚进入太古时代,地球的永久地壳尚未形成,生命更是未曾萌动。这时,地球的宏观环境就与现在的土卫六几乎完全一样:大气中充满了氮气和甲烷,但没有氧气——氧气是后来经过原始生命的呼吸还原二氧化碳制造出来的。也正是因为如此,科学家便将土卫六视为原始地球的缩影,希望通过地球早年的这个影子看看早期地球究竟是如何发育的。"到目前为止,我们只在地球上发现生命痕迹,所以就只有比照着地球生命形成的条件来衡量。我们通过地球生命演化反推到土卫六,发现其中含有的碳、氢和氮,这些都是地球生命必需的化学成分。土卫六目前的情况与地球最早期的情况确实太相似了。"李竞指出如果真要找出个不和谐的音符,那就是土卫六非常寒冷——这种寒冷程度也有点接近地球早先的情况。科学家们指出,土卫六虽然保留了生命开始所需的一些条件,但因为太过于寒冷,所以一般生物很难存活。

事实上,不光是土卫六给了我们观测早期地球的一个窗口,土星这颗巨行星及环绕着它的土卫家庭也在一定程度上向我们提供了太阳系演化的信息。从土星内核奇异的金属氢到外部土星环中的细碎冰石粒,从由冰物质构成的"另类卫星"土卫九到喷涌温暖间歇泉的土卫二,土星周围充满着神奇的线索,都能为46亿年前太阳系的形成过程,以及数十亿年地球生命的出现过程,提供很好的解释线索。

不过,目前科学家们最希望的就是能对土卫六海水或湖水的有机泥样进行科学分析,以寻找其中有机物的存在状况,以及生命痕迹。到那时,地球的演化过程与生命的真相,都可能得到完美的解答。

探秘太阳系未解之谜

土星及其卫星上有生命吗

土星的体积仅次于木星，它是太阳系第二大行星，体积比地球大770倍，质量是地球的95倍。土星的大气主要由氢和氧组成，土星表面是厚达3万多千米的冰壳，气温约—150℃，是一个极为寒冷的世界。土星看上去极为美丽，因为它有一个壮观无比的环。土星环主要由冰块和小陨石组成，它们围绕土星转动着。

△ 在太阳系的八大行星中，土星是最美的一个

天文学家早就发现，土星一直在有规律地发射着一种神秘的无线电脉冲信号，其中有一些脉冲的强度可以和太阳发射的波相比。现在，在地球上很容易接收到这些脉冲信号，人们却无法将它破译。这个现象大大唤起了科学家们探索土星生命的兴趣。

美国的一些宇宙生物学家认为，土星上很可能居住着极为发达的生命体，他们早已掌握了无线电技术，能够发射我们可以接收到的信号。

但是，持反对意见的科学家认为土星离太阳太远了，表面温度极低，根本不可能存在液态水，是一个冰的世界。而且土星质量太大，表面重力为地球的95倍。这样的条件对于生命来说是太恶劣了，几乎不可能诞生生命，更不用说发达的生命体了。

就在人们为土星是否存在生命众说纷纭时，土星的卫星"泰坦"的发现令人精神为之一振。

"泰坦"的学名叫"土卫六"。它的直径约为4828千米，是一颗有大气的卫星。

1979年9月，人类发射的"先驱者"11号宇宙探测器在距离"泰坦"35万千米处，探测到这颗卫星呈现桃红色。这表明它的大气中含有甲烷、乙烷、乙炔，还可能有氮。乙烷、乙炔的存在，使人们相信在"泰坦"上有可能找到更复杂的有机物。据科学家们推测，在"泰坦"的表面。有可能存在一层由有机化合物构成的海洋或湖泊，由于这些有机化合物的液化点很高，所以在$-150℃$的低温下仍以液态存在。在这些湖泊和海洋的岸边，会沉积一些泥状的有机物，酷似地球生命产生前夕的情形。因此，科学家们乐观地推测在"泰坦"上存在着一些原始的生命形态。

1980年底，当"旅行者"号探测器飞临土星上空时，人们满怀希望地等待着它能给我们带来更多有关"泰坦"的信息。遗憾的是，它的发现和我们预测的并不一样。它发现"泰坦"的大气并不以甲烷为主，而是以氮为主，氮的含量约占"泰坦"大气的98%，甲烷仅占不到1%。此外还有乙烷、乙烯、乙炔和氢等化学气体。

值得高兴的是，在红外探测资料中，发现"泰坦"的云层顶端含有与生命有关的分子，可能是氢氰酸分子。由于"泰坦"的大气几乎完全是雾状，妨碍了飞船对"泰坦"表面的观测，因此无法证实"泰坦"表面有没有有机物。

在太阳系九大行星以及众多的卫星中，只有我们地球和"泰坦"的大气层中富含氮气。这使科学家们对"泰坦"抱有幻想。有人甚至相信有"泰坦人"存在。

1997年10月15日，美国发射了"卡西尼"号土星探测器。这次土星探测行动是人类航天史上规模最大的一次星际探测活动。它耗资34亿美元、将持续11年。2004年底，"卡西尼"号顺利抵达土星的卫星"泰坦"，并把携带的"惠更斯"号登陆器降落在"泰坦"表面，从而为人类揭开"泰坦"及土星生命之谜打下了良好的基础。

探秘太阳系未解之谜

天王星为什么躺在轨道内部旋转

天王星是从太阳向外的第七颗行星,在太阳系的体积是第三大(比海王星大),质量排名第四(比海王星轻)。天王星距太阳28.8亿公里,距地球27.3亿公里,太阳光线到达天王星也要2小时38分钟。

威廉·赫歇耳发现天王星有点事出偶然。1781年3月13日晚,他像往常一样用他自制的望远镜巡视天空,在观察双子座的部分天空时,他看到一颗不平常的星,它完全不像是一颗恒星,因为恒星在望远镜中只是一个光点,而这颗星呈现为一只淡绿色圆盘状。连续几个夜晚的观测,他发现那个天体似乎正在恒星的背景下缓慢地移动着。赫歇耳以为他发现了一颗彗星。但不久他就发现,这颗星缺少彗星特征——模糊的边界,它看上去边缘总是清晰的。而且它的运行路径是在土星轨道外面的一条近于圆形的轨道。赫歇耳最后认定,他发现的是一颗新行星。

学术界决定新行星的名称是遵守根据希腊神话人物命名行星的传统,把新行星命名为"乌拉诺斯",他是希腊神话主神宙斯的祖父,翻译成汉语就是"天王星"。

天王星一下子把太阳系的疆界开拓了,打开了人类的视野,启发天文学家继续在广袤的星空中探索。

天王星也使赫歇耳一举成名。在此之前,他还是位爱好天文学的音乐家。在发现天王星以后,他荣获了勋章,被选为英国皇家学会会员,从此走上了专业天文学家的道路。直到今天,天文学家依然对他十分尊敬。他在恒星天文学方面有杰出贡献,从而赢得了"恒星天文学之父"的美誉。

赫歇耳用他自制的望远镜研究天空,他最感兴趣的是恒星,他最大的成就也在恒星世界中。1785年,他绘出了我们置身其中的这个恒星系统的外形，呈透镜状——就是今天的银河系，被后人认为是第一个真正发现了银河系的人。

此外，赫歇耳还发现了太阳的运动。1783年，他论证了太阳以每秒17.5公里的速度向武仙座方向前进，这自然使人们得出结论，太阳也不是宇宙的中心。

他于1822年去世，享年84岁，恰好等于他发现的天王星的公转周期——84年。

在赫歇耳发现天王星后六年，在一次试观测他自己新制的望远镜时，又获得了一个有趣的发现——天王星有两颗卫星。它们是天卫三、天卫四。今天，天王星的卫星数已增加到15颗了。另外，土星的两颗卫星，土卫一和土卫二也是赫歇耳发现的。

天王星有一个与众不同的性质，就是它的运行姿态十分奇特。

一般的行星，都是侧着身子绕日运动，它们的自转轴和公转轴轨道平面，全都近似垂直，有一点小的倾斜。地球为23.5°，火星为24°，木星为3°，土星为27°，这正是引起季节变化的原因。可是，天王星的自转情况则与众不同，天王星的自转轴的倾斜度达到98°，它们的自转轴与公转轨道平面近乎平行——仅有2°的夹角。实际上天王星是躺在它的轨道面内旋转的，就跟保龄球滚在球道上的情形差不多。这一事实意味着，天王星的季节也非常奇特。在天王星的一年中（相当于地球上的84年），太阳轮流照射天王星的南极和北极。当太阳照北极，北半球处于夏季，在北极地区，太阳看起来就像悬挂在头顶的上方，而且总不下落；而当冬季来临时，这颗行星一半地方进入漫漫的寒冷冬夜中，一直持续几十年。只有随着太阳渐渐照射到赤道上，天王星的世界，才有白天到黑夜的交替。即使在夏季，表温也很低，-211℃。这样怪异的气候类型，无疑是因为这颗行星的大气层得到奇特的、不均匀加热的结果。天王星为什么以这种姿态运转呢？至今还是天文学当中的一个谜。

探秘太阳系未解之谜

海王星是颗什么样的星球

海王星是太阳系中第四大气体巨星,直径与天王星近似,但是距离太阳大约45亿千米。天王星是偶然发现的,海王星却是先由天体力学计算出位置再找到的。1846年,天文学家观察到天王星的运行轨道总是与预想的有所偏离,并猜想这可能是因为存在着另一颗未知的行星,其万有引力干扰了天王星的运行。法国人勒威耶精心计算出这颗假想行星的位置,由此发现了海王星。因为呈现漂亮的蓝绿色,所以被称为海王星。海王星最亮时肉眼看不到它,在大型望远镜里,它也不过是个淡绿色的小小圆盘状,视直径不到4″。海王星被浓云包围,大气中有氢、甲烷和氨,一般认为它有一个和地球差不多的核,由岩石组成,核外是质量较大的冰包层,外面是分子氢。海王星自转速度极快,一日仅仅持续16个小时,然而它围绕太阳公转一周却需要165年,也就是说自1846年被发现到现在,它还没有绕过太阳一周。

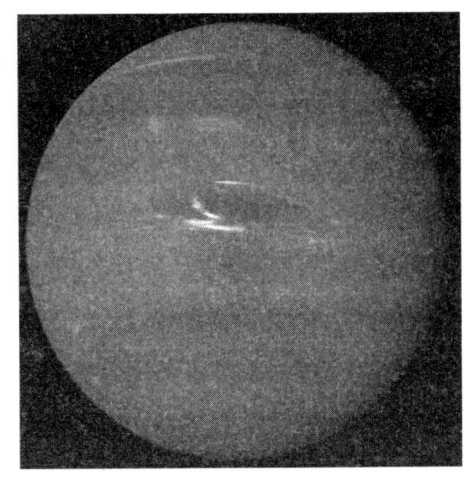
△ 海王星

1989年以前,人们只知道它的两颗最大的卫星——海卫一和海卫二。此后,火箭探测器又发现了它的另外六颗卫星,其中四颗在光环内运转。海卫一比水星稍大,表面结冰,温度为零下238℃,是太阳系中最冷的天体。

海王星的发现之谜

海王星是距离太阳远近顺序的第八颗行星,是通过它对天王星轨道的摄动作用而于1846年9月23日被发现的,计算者为法国天文学家勒威耶。德国天文学家J·G·伽勒是按计算位置观测到该行星的第一个人。这一发现被看成是行星运动理论精确性的一个范例。海王星由于

△ 海王星与海卫一

距离遥远,光度暗淡,即使用大型望远镜也难看清其表面细节,因而不能依靠观测表面标志的移动来定出自转周期。

1928年,通过观测谱线的多普勒位移测出自转周期为15.8±1h,现在采用的自转周期是M·贝尔通等从分析约300次红外观测中定出的,海王星的快速自转使它的扁率达1/50(即赤道半径比极半径约长500km)。

1968年4月7日,海王星掩恒星,通过对这一事件的观测,得出它的赤道直径50950km,与目前的最新数据相差很小。海王星用望远镜看略呈绿色。

1932年,发现海王星光谱红外区的强吸收线为甲烷引起。它的大气中含有丰富的氢和氦,大气温度大约为-205°C,这个值高于从太阳辐射算得的期望值,说明要么海王星大气下层存在温室效应,要么它有内在的热源。

1846年,W·拉塞尔发现逆行的海卫一,据计算它正接近海王星,将来

△ 海王星上清晰的条纹状云带

也许会碎裂成为海王星的环，1949年发现海卫二。遥远的海王星，在地球上看去，常常隐身于宝瓶座星系不被人们发现，人们在发现天王星运动方式有点怪异之后，通过计算和推算才发现了它的存在。

在天王星被发现后，人们注意到它的轨道与根据牛顿理论所推知的并不一致。因此科学家们预测存在着另一颗遥远的行星从而影响了天王星的轨道。Galle和Arrest在1846年9月23日首次观察到海王星，它出现的地点非常靠近于亚当斯和勒威耶根据所观察到的木星、土星和天王星的位置经过计算独立预测出的地点。

一场关于谁先发现海王星和谁享有对此命名的权利的国际性争论产生于英国与法国之间（然而，亚当斯和勒威耶个人之间并未有明显的争论），现在将海王星的发现共同归功于他们两人。后来的观察显示亚当斯和勒威耶计算出的轨道与海王星真实的轨道偏差相当大。如果对海王星的搜寻早几年或晚几年进行的话，人们将无法在他们预测的位置或其附近找到它。

地球伴星之谜

恒星是"天马行空，独来独往"，还是像天鹅那样成双成对地遨游太空呢？有些恒星是两两组合的，现在已知的双星已超过6000对了，其实还有三合星和四合星等聚星。与地球关系最密切的太阳是一颗单星，这已是定论，没有什么可怀疑的。然而，问题并非如此简单。

在寻找外星人的不懈努力中，有的人独辟蹊径，提出了一个令人耳目一新的假说。他们认为拥有高等智慧生命的外星世界，并不是在遥远的天边，而就在我们太阳系之内，而且和地球拥有同一个轨道，是地球的真正姊妹行星，我们暂且称它为"B地球"。只是由于这颗行星恰好位于地球的正对面，而且绕太阳旋转的运行速度和地球完全相同，因此地球和B地球之间就像捉迷藏一般，永远被太阳这扇"大门"挡住了视线，谁也见不到谁。

他们又认为，由于B地球与地球具有同一的轨道，距太阳的距离相同，因此将具有相同的外部环境，拥有相似的物质组成，所以也具备类同的生命发生和发展的条件，并和地球一样孕育和繁衍出了高等的智慧生物。由于生命和高技术的发展过程存在着很多偶然因素，即使在同一个星球上，也会出现先进和落后的差异，所以我们不应期望B地球人会具有和我们相同的知识水平，很可能他们比我们先进，使他们有可能掌握远比我们先进的航天飞行技术。令人迷惑的不明飞行物，就是他们派出的用来侦察地球的飞行器。

地球果真有这样一颗姊妹行星吗？

根据天体力学理论，一个天体的存在必然会和周围的天体产生引力联系。譬如地球和太阳之间，就存在着巨大的引力联系。按照牛顿的万有引力定律，引力的大小与两者的质量乘积成正比，而与距离平方成反比。那么，为什么日地互相吸引的结果没有越来越靠近呢？原来这还和地球绕太阳旋转

探秘太阳系未解之谜

△ 真的有地球伴星吗

有关，由于旋转产生的离心力与引力相等，所以才使地球既没有坠入太阳，也没有飞走。这就像我们用绳子拴着一块石头，然后以我们的手为中心，以绳子为半径，快速地旋转。这时石头由于受到旋转离心力的影响和绳子的控制，会一直保持在同一条圆周轨道上。

B地球要始终保持与地球同一轨道、同一旋转速度，而不和地球照面，它也必须具备和地球相同的质量，方能满足引力与离心力相等的条件。然而根据波得定则，行星与太阳的距离有一定的规律，而在地球绕太阳运行的轨道上，只允许有地球这么一颗行星存在。

退一万步说，假定果真有这样一个B地球存在，虽然它和我们地球之间隔着一个巨大的太阳，在太阳引力的掩盖下，地球对其引力可能不易觉察，但它的存在一定会对太空中的小天体产生影响，比如从飞近B地球的彗星轨道的变化中，觉察到它的存在。但事实上却从来没有人观测到这种变化。可见，B地球纯属某些人的臆测。

星球在天上会乱跑吗

天上为数众多的恒星、行星、卫星、流星体和彗星等各种天体，都在飞快地运行着，静止不动的天体是不存在的。但这些星球在天上为什么不会到处乱跑？这是一个十分有趣而又值得探讨的问题。

我们知道，宇宙中的天体并非杂乱无章的随意运动，而是在万有引力作用下，大天体主宰小天体，以大天体为核心，小天体围绕大天体旋转，形成不同等级的绕转系统，按照一定轨道，有规律地运行着。我们把天体这种绕转运动的系统，叫做天体系统。例如，所有卫星都像月亮一样，围绕它们各自的行星旋转着，这种天体系统叫做地月系；所有行星又带着各自的卫星围绕太阳旋转着，这种天体系统叫做太阳系；太阳又带着太阳系的所有成员，围绕银心旋转着，这种天体系统叫做银河系等。这样，宇宙中的无数天体，就会形成了一个多层次的不同等级的天体系统。每个天体在这样的天体系统中都有一定的位置，归属一定的绕转系统运动着和发展变化着。

在任何一个天体系统中，无论规模大小和天体类型多少，其组成天体都可以分为核心天体和绕转天体两大类：一方面，核心天体都以它的巨大质量所产生的强大引力，紧紧地吸引着绕转天体，使它不致跑掉；另一方面，绕转天体又都以它的高速运动，顽强地抵抗核心天体的吸引，用来保全自己，不致被核心天体"吃掉"。十分明显，天体系统就是这两股力量——核心天体的吸引和绕转天体的切线运动相互作用的结果。这两股力量缺少一个，天体系统就将瓦解，天体个体和宇宙整体也就不复存在了。假如地球停止吸引月球，月球就会跑掉；月球围绕地球的运动停息片刻，月球将被地球吸引过来，月球也就不复存在了。同样，如果太阳停止吸引地球，地球也会跑掉；地球在环绕太阳运动中停息片刻，地球就会掉在太阳的"火窝"里，这样也

探秘太阳系未解之谜

△ 核心天体的吸引和绕转天体的切线运动，是天体系统和宇宙整体移稳定的原因

就没有地球和我们人类了。由此可见，核心天体的吸引和绕转天体的切线运动，是天体系统不致崩溃，也是天体个体和宇宙整体得以"千秋万代"存在和发展的原因。我们以地球绕转太阳为例进一步说明这个问题。

地球围绕太阳运动，如果没有太阳的吸引，地球就会沿着轨道的切线方向直线前进，但由于太阳吸引，而迫使地球不断地向太阳降落。地球每1秒钟围绕太阳跑30千米，在这1秒钟里地球由于太阳的吸引，要向太阳降落1/3厘米，这就是地球对于它直线前进的运动方向的偏离。也就是说，由于太阳的吸引，地球的直线运动变成了曲线运动。这样，1秒1秒地经历1年，就会把地球的直线轨道，逐渐变成围绕太阳运行的椭圆轨道。由此可见，地球环绕太阳的运动，既是向前直线运动的过程，又是不断向太阳降落的过程，这两种运动过程的合一，就形成了地球按两种运动的合力方向环绕太阳运行的轨道。所以地球既没有挣脱太阳的束缚而跑掉，也没有跑进太阳的火窝里被太阳所吞没，而是沿着环绕太阳的椭圆轨道，年复一年地有规律地运动着。这是一切绕转天体围绕核心天体作绕转运动的基本规律和原理。也就是宇宙中所有星球都能"循规蹈矩"，不会到处乱跑的原因所在。

 奇异的物质和光束之谜

1980年6月14日凌晨1时左右，在乌拉圭境内圣何塞省离蒙得维的亚90公里远的一个地方，63岁的铁匠胡安·费罗切正躺在床上听收音机，他的妻子睡在他的身边。突然，他觉得有一种奇怪的声音从外面传来，他不禁侧过头向窗外望去，只见两个样子很怪的年轻人，他们是一男一女，穿着贴身的上衣连裤服，神态高傲地盯着费罗切刚刚扭亮的门灯。

那个少年看见费罗切，便毫无犹豫地向他走来，费罗切以为是小偷，赶紧跳下床去用力把门顶住，可是无济于事，那少年用手只轻轻一推，门就开了。惊慌失措的费罗切急忙捉住少年的手，哪知刚一碰触，一种被人放在火焰上烧烤般的剧烈疼痛逼使他缩回了手。当他的妻子赶出来时，只见丈夫痛苦地垂着手，其他什么也没看见。她仔细察看丈夫的手，发现上面布满红色的小斑点。

第二天天一亮，他们就将夜里发生的事报告了警方，警方将费罗切送到当地医院，后来在回答记者采访时，为费罗切治疗的拉蒙·努涅斯大夫说："我看到他的左手上有多处烧伤，这些伤在皮肤的表面，他们呈点状，散布在手心，显然这是因为接触到高温物体而引起的，但伤势并不严重。"

后来，调查人员对费罗切进行调查时，发现他的手伤正处于结瘀阶段。他们在费罗切的手心上数出了几个点状伤痕，它们毫无规律地散布在手心上。同时，调查人员也惊愕地发现，那天晚上，费罗切家里的电表显示消耗的电竟达千瓦。相当于他家一个多月的耗电费。

类似的事件在世界其他各地也多次出现。

1981年10月17日傍晚，在巴西的帕纳拉马小镇，里瓦马尔·费雷拉和他的朋友阿维尔·博罗像往常一样去森林打猎。他们来到猎物出没频繁的地

探秘太阳系未解之谜

△ 不明飞行物之谜

方,各自爬到一棵矮树上埋伏了起来。突然,他们发现空中有一个巨大的发光体在缓缓地移动,并且越来越大,他们清晰地辨认出那是一个像卡车轮子一样的飞行物,它向四周发出耀眼的强光,把他们周围落下夜幕的森林照得亮如白昼。惊恐万分的费雷拉看见一束白光正射在阿维尔的身上。在阿维尔的惨叫声中,费雷拉慌得从树上摔了下来,随即一跛一跛地逃回了家。

第二天清晨,费雷拉去看望阿维尔。然而阿维尔并没有回家,他和阿维尔的家人径直奔向那片森林,好不容易找到了阿维尔,只见他脸色苍白,神色惊恐,身上的血液被什么东西全吸光了——他死了。令人难以置信的是,10月19日,就在阿维尔遇难的第三天,当地又有两个人——阿维斯塔西奥·索萨和雷蒙多·索萨狩猎时也遇到了同样的怪事,像阿维尔一样,死者雷蒙多身上的血也被吸干。

这种骇人听闻的怪事竟接连不断地发生。

一天,迪奥尼西奥·赫内拉尔正在山顶上干活,隐隐感到有束白光射到自己身上,他抬头一看,浅蓝色的空中现出一个不明飞行物,他未听得一点声响,就像被雷电击中一样摔倒在地,从山顶滚到山脚下。他费了好大劲儿才勉强挣扎着站起来,回到家便精神失常,3天后死去。

1985年那个炎热的夏天,在法国施特拉堡留学的索马里学生丹雷·戈霍回到祖国首都摩加迪沙度假。9月3日黄昏,他与中学同学施默赫、拉费格尔、巴德巴卜一起开着两辆摩托车到郊外林地兜风。晚上9时许,他们在林子

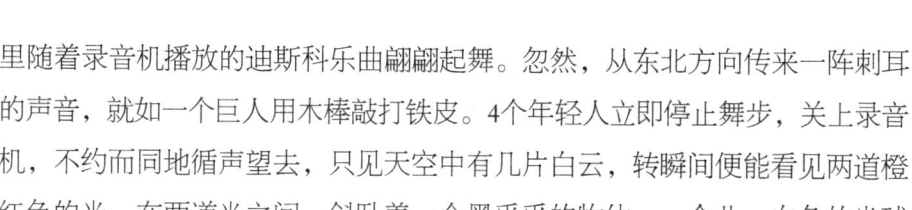

里随着录音机播放的迪斯科乐曲翩翩起舞。忽然，从东北方向传来一阵刺耳的声音，就如一个巨人用木棒敲打铁皮。4个年轻人立即停止舞步，关上录音机，不约而同地循声望去，只见天空中有几片白云，转瞬间便能看见两道橙红色的光。在两道光之间，斜卧着一个黑乎乎的物体。一会儿，白色的光球飞近了，竟是一个庞大的发光物。它的两束夺目的光不停地移动扫射。

4个年轻人随即卧倒在地，屏息凝视，当光芒射到他们身上时，伴随着一阵剧烈的烧灼感，他们立即不省人事了。

他们醒来时，已是深夜11时20分。黑漆漆的夜，四周孤寂无人。那带电的庞然大物已不知去向。他们骑上摩托车，风驰电掣般返回摩加迪沙。在巴德巴卜家度过了漫长的一夜。这一夜无眠，四人胆战心惊地谈论着噩梦般的奇遇。翌日，他们向附近的民卫队报告了昨夜的经历，值班队长阿里赫中尉立即将谈话录音向上级作了报告。下午4时，阿里赫中尉带着几名队员跟随丹雷·戈霍等人到事故现场进行调查。4个年轻人一会儿蹲下，一会儿卧倒，重新表演了那天夜里的情景。到了傍晚时分，他们4人的脸部和胳膊开始发痒，并泛出红色，好像皮下出血，来到市立医院求诊，大夫说是由强光照射过久或大火炙烤的结果。

为了获得更加确切的证据，9月8日上午，阿里赫中尉又把4个年轻人带到现场，同去的还有一位叫穆吉姆的民航局工程师。他用盖草仪、水准仪、照相机等器材，精确地测量了飞行物的位置及放射现象，结果表明：地面那个直径为3米多的圆圈范围内有焙烤症状，土壤中的沙粒都已经玻璃化，深度达10厘米，同时盖草仪的指数显示，焙烤圈内有明显的放射线反应，有光束扫射过的地面和树干上也有轻微的放射线反应。而从圈内取出6盒样土和杂草标本经过化验，证实土壤中的碳遭遇过严重破坏，有明显的玻璃化外形，土壤中有放射线现象。杂草受过焙烤，水分严重缺损。穆吉姆工程师当即判断出，他们所说的那怪物是UFO。

更耸人听闻的是1988年12月发生在土耳其曼尼沙市的不明飞行物事件。这天，一只闪烁着绿色光辉的圆盘形不明飞行物在曼泥沙城市上空盘旋近1小时。该市的许多居民都目睹了这一奇观，有人还拍摄下大量的照片，有趣的是目击者中几名患有恶疾的病人，不论当时身处室内或室外，都奇迹般地突然痊愈，有个耳聋的男子一下子恢复了听觉，一位失明多年的妇女能看见东西了。另一位靠氧气袋维持生命的女孩也从死亡边缘活了过来。

当地一位名叫尼迪的医生为此大惑不解。为此，他遍访了那些幸运儿，发现治愈这些病的"大夫"竟是飞碟上闪亮的绿光。

伊尼莎中风瘫痪多年的丈夫一直卧床不起，他是尼迪医生的老顾客了，伊尼莎告诉医生：当飞碟发出的绿光透过窗户射到丈夫的身上时，病人僵硬的双腿突然缓缓地移动，手指也有了感觉，接着便跃跃欲试地下床，居然可以站立，并且开始走动了……瘫痪半年的病人卡马尔，在尼迪医生的精心治疗下收效甚微。然而就在飞碟事件发生之后的第二天，卡马尔竟能大踏步闯进尼迪的诊所，卡马尔神采飞扬地说，他被飞碟的绿光照了一下，便能走动自如了。这些不可思议的趣闻风一样传到首都，安卡拉公立医院的一批医生立即赶到曼尼沙市，挨户拜访了那些不治而愈的病人。得出的结论令人惊讶：使他们恢复健康的是空中来客的绿光。

空中来客的事件也曾在我国也多次发生过。据河南郑州的《大河报》1999年两次报道，武汉市洪山区曾经发生一道神秘的白光，强光过处，湖岸上的700颗大树被齐刷刷地拦腰斩断；另有一次，当地居民在早晨8时左右看到两个发光的物体在空中相互碰撞冲突的场面，碰撞时，两个物体散落下一些如人的皮屑一样的不明粉屑，落到人体上产生奇痒。

正如我们前面所谈到的空中来客所产生的带电的强烈光束。既能置人于死地，又能让困扰人类多年的恶疾化为乌有，加上不明物体散落的不明金属粉屑等等，那么这些光束、粉屑究竟由何而来？科学家们正在孜孜不倦地研究，以期早日揭开它神秘的面纱。

行星为何有光环

在我们看到的行星照片中，行星大多都被一圈环状物质围绕着，像是为行星披上的彩带，又像是为行星戴上的王冠，令行星显得分外美丽。这些带状物质我们称之为"行星光环"。行星的光环是什么，为什么会发光呢？还一直是一个谜。

土星环：

土星环由蜂窝般的太空碎片、岩石和冰组成。主要的土星环宽度从48公里到30.2万公里不等，以英文字母的头七个命名，距离土星从近到远的土星环分别以被发现的顺序命名为D、C、B、A、F、G和E。土星及土星环在太阳系形成早期已形成，当时太阳被宇宙尘埃和气体所包围，最后形成了土星和土星环。

从另一个角度来看，土星反而独具风姿。伽利略第一次透过他原始的望远镜观察土星时，发现它的形状有点奇怪，好像在其球体的两侧还有两个小球。他继续观察，发现那两个小球渐渐变得很难看见，到1612年年底时，终于同时消失不见了。

其他天文学家也纷纷报告过土星的这种奇怪现象；但直到1656年，惠更斯才提出了正确的解释。他宣称，土星外围环绕着一圈又亮又薄的光环；光环与土星不接触。

土星的自转轴和地球的自转轴是一样的，也是倾斜的，土星的轴倾角是26.73°，地球则是23.45°。由于土星的光环和赤道是在同一平面上，所以它是对着太阳（也对着我们）倾斜的。当土星运行到其轨道的一端时，我们可由上往下看见光环近的一面，而远的一面仍被遮住。当土星在轨道的另一端时，我们就可由下往上看到光环近的一面，而远的一面依然被遮住。土星从

△ 土星美丽的环

轨道的这一侧转到另一侧需要十四年多一点。在这段时间内，光环也逐渐由最下方移向最上方。行至半路时，光环恰好移动到中间位置，这时我们观察到光环两面的边缘连接在一起，状如"一条线"。随后土星继续运行，沿着另一半轨道绕回原来的起点，这时光环又逐渐由最上方向最下方移动；移到正中间时，我们又看见其边缘连接在一起。因为土星环非常薄，所以当光环状如"一条线"时就好像消失了一样。1612年年底，伽利略看到的正是这种情景。据说由于懊恼，他没有再观察过土星。

土星环位于土星的赤道面上。在空间探测以前，从地面观测得知土星环有五个，其中包括三个主环（A环、B环、C环）和两个暗环（D环、E环）。B环既宽又亮，它的内侧是C环，外侧是A环。A环和B环之间为宽约5000公里的卡西尼缝，它是天文学家卡西尼在1675年发现的。

1826年，德国血统的俄国天文学家斯特鲁维把外面的环命名为A环，把里面的环命名为B环。1850年，美国天文学家W·C.邦德宣称，还有一个比B环更靠近土星的暗淡光环。这个暗淡光环就是C环，C环与B环之间并没有明显的分界。

在太阳系任何地方都没有像土星环那样的东西，或者说用任何仪器我们也看不到任何地方有像土星环那样的光环。诚然，我们现在知道，围绕木星有一个稀薄的物质光环，且任何像木星和土星这样的气体巨行星都可能有一个由靠近它们的岩屑构成的光环。然而，如果以木星的光环为标准，这些光环都是可怜而微不足道的，而土星的环系却是壮丽动人的。从地球上看，从土星环系的一端到另一端，延伸269700公里（167,600英里），相当于地球宽度的二十一倍，实际上几乎是木星宽度的两倍。

土星环到底是什么呢？J·D·卡西尼认为它们像铁圈一样是平滑的实心环。可是，1785年拉普拉斯指出，因为环的各部分到土星中心的距离不同，所以受土星引力场吸引的程度也会不同。这种引力吸引的差异（即我前面提过的潮汐效应）会将环拉开。拉普拉斯认为，光环是由一系列的薄环排在一起组成的，它们排列得如此紧密，以致从地球的距离看去就如同实心的一样。

可是，1855年，麦克斯韦提出，即使这种说法也未尽圆满。光环受潮汐效应而不碎裂的唯一原因，是因为光环是由无数比较小的陨星粒子组成的，这些粒子在土星周围的分布方式，使得从地球的距离看去给人以实心环的印象。麦克斯韦的这一假说是正确的，现在已无人提出疑义。

法国天文学家洛希用另一种方法研究潮汐效应。他证明，任何坚固的天体，在接近另一个比它大得多的天体时，都会受到强大的潮汐力作用而最终被扯成碎片。这个较小的大体会被扯碎的距离称为洛希极限，通常是大天体赤道半径的2.44倍。

这样，土星的洛希极限就是2.44乘以它的赤道半径60000公里，即146400公里，A环的最外边缘至土星中心的距离是136500公里（84800英里），因此整个环系都处在洛希极限以内。（木星环也同样处在洛希极限以内。）

很明显，土星环是一些永远也不能聚结成一颗卫星的岩屑（超过洛希极限的岩屑会聚结成卫星——而且显然确实如此），或者是一颗卫星因某种原因过分靠近土星而被扯碎后留下的岩屑。无论是哪一种情况，它们都是余留的一些小天体。据估计，如果将土星环所有的物质聚合成一个天体，结果将会是一个比我们的月亮稍大的圆球。

木星环：

随着行星际空间探测器的发射，不断揭示出太阳系天体中许多前所未知的事实，木星环的发现就是其中的一个。早在1974年"先锋11号"探测器访问木星时，就曾在离木星约13万公里处观测到高能带电粒子的吸收特征。

探秘太阳系未解之谜

两年后有人提出这一现象可用木星存在尘埃环来说明。可惜当时无人作进一步的定量研究以推测这一假设环的物理性质。1977年8月20日和9月5日美国先后发射了"旅行者1号"和"旅行者2号"空间探测器。经过一年半的长途跋涉,"旅行者1号"穿过木星赤道面,这时它所携带的窄角照相机在离木星120万公里的地方拍到了亮度十分暗弱的木星环的照片。同年7月,后其到达的"旅行者2号"又获得了有关木星环的更多的信息。

根据对空间飞船所拍得照片的研究,现已知道木星环系主要由亮环、暗环和晕三部分组成,环的厚度不超过30公里。亮环离木星中心约13万公里,宽6000公里。暗环在亮环的内侧,宽可达50000公里,其内边缘几乎同木星大气层相接。亮环的不透明度很低,其环粒只能截收通过阳光的万分之一左右。靠近亮环的外缘有一宽约700公里的亮带,它比环的其余部分约亮10%,暗环的亮度只及亮度环的几分之一。晕的延伸范围可达环面上下各一万公里,它在暗环两旁延伸到最远点,外边界则比亮环略远。据推算,环粒的大小约为两微米,真可算是微粒。这种微米量级的微粒因辐射压力、微陨星撞击等原因寿命大大短于太阳系寿命。

海王星环:

由于拥有环的三颗行星——土星、木星和天王星都属于类木行星,因而人们很自然会去猜想第四个类木行星——海王星是否也存在环。

美国杂志《空间与望远镜》(1978年4月号)曾报道,1846年10月10日就有人在60厘米反射望远镜中用肉眼看到过海王星环,并在次年为剑桥大学天文台台长查里斯所证实,后者甚至得出环半径为海王星半径1.5倍的结论。但因后人在寻找海王星卫星的多次观测中均未发现环,这件事就渐渐被人淡忘了。

20世纪80年代在发现天王星环的鼓励下,不少人试图通过海王星掩星事件来发现环,但对几次掩星观测结果的解释却是众说纷纭。有人报道发现了环,有人则说不存在环。对报道发现环的观测结果也有人认为可用其他原因来解释而否定环的存在。总之,海王星是否有环一时成了悬案。

1989年8月,"旅行者2号"探测器终于使这一悬案有了解答。当它飞近海王星时，发现海王星周围有三个光环隐藏在尘面下，而且外光环很不一般，呈明显弧状，沿弧有紧密积聚的物质。但有关海王星环系的具体情况至今仍不太清楚，还需要人们更多地探测和研究。

天王星环：

由于相对运动的关系，远方恒星有时会移动到太阳系天体如月亮、行星或小行星的正后方，这种现象称为掩星。掩星发生时，如果近距离天体没有大气，星光便立即消失。如果天体外围有大气，则星光在完全消失前会有一个略被减弱的过程。各类掩星发生的时刻可以通过理论计算且非常准确地作出预报。

1977年3月10日，曾发现一次天王星掩星的罕见天象，被掩的是一颗暗星。中国、美国、澳大利亚等国的天文学家都对此进行了观测。意想不到的奇怪事情发生了，小星在预报被掩时刻前35分钟出现了"闪烁"，也就是星光减弱又迅即复亮。这种闪烁一连出现了好几次。当这颗星经天王星背后复现，或者说掩星过程结束后，闪烁现象又重复出现。以后，经过对观测结果的仔细研究，发现闪烁是因天王星环的存在而造成的。这是继1930年发现冥王星后本世纪太阳系内的又一重大发现。由于天王星环非常暗弱，过去即使在大望远镜中也从未直接观测到过。1978年，美国用五米口径望远镜才在波长2.2微米的红外波段首次拍摄到天王星环的照片。

在随后的几年中，天文学家共辨认出九条光环。这些环都很窄，一般不足10千米，其中一条最宽的环叫 ε 环，约100千米。这些环都很暗，即使用世界上最大的天文望远镜也不能直接看到，因此虽然它们在本质上和土星光环并无区别，但天文学家却只称它们"环"，而不称它们"光环"。

1986年1月24日，"旅行者2号"在探测天王星时不但证实了这些环的存在，还发现了两条新环，使目前我们所知的王天星环达到十一条。这些环大多是圆的，环与环相距较远。只有 ε 环较为特殊，是椭圆环。这些环有的呈深蓝色，有的偏红。环中的物质大部分是微小的尘埃，间或也有拳头、西瓜大小的石块，偶尔还有卡车那么大的岩石，中间夹杂着一些冰屑。

探秘太阳系未解之谜

太阳系还有大行星吗

太阳系有几颗大行星？我们现已知道太阳系里有八颗大行星。离太阳最近的是水星，由里向外依次是金星、地球、火星、木星、土星、天王星、海王星，最外面的第九颗行星冥王星2006年8月后被降为矮行星。

对太阳系八大行星的认识，有着悠久的历程。古时人们在天空中仅能看到水星、金星、火星、木星、土星这五颗行星。我国古代称金星为太白，木星为岁星，水星为辰星，火星为荧星，土星为填星或镇星。

在国外，古罗马神话中各种神仙的名字成为星的名字，如称水星为商神麦邱立，火星为战神玛尔斯，木星为爱神丘比特，金星为太阳神阿波罗的先驱和使者。

太阳系里的八颗大行星，如同一母所生的八个兄弟，它们不但排列得很规则，而且像赛跑运动员在一个场地上比赛，非常有秩序地沿着各自的跑道，一刻不停地朝同一个方向绕着太阳在转圈子。虽然它们有的跑得快，有的跑得慢，但从来不争抢跑道。

虽然冥王星被降为矮行星，很多人还是把那里看做了太阳系的边界，认为太阳系的半径就是40天文单位。

太阳系是否还有大行星呢？对于这个谜，不少科学家一直在不懈地寻找。

1951年，美籍荷兰天文学家柯伊伯提出在海王星轨道外，离太阳40～50天文单位处可能找到了另一颗大行星。2005年7月29日，美国天文学家布朗宣布在大约100天文单位处发现了一颗柯伊伯带天体2003UB313，直径达冥王星的15倍。大多数天文学家不同意把它称作行星。

那么，在比冥王星更远的太阳系外围，会不会有像火星、地球这样的岩石行星呢？科学家认为这是有可能的，也许在冥王星外围有一些如地球大小的天体，有的甚至比地球还大。这符合一种解释太阳系形成过程的最新的时髦理论，即所谓寡头行星形成理论。

按照寡头行星形成理论，行星是由尘埃粒子逐渐积聚起来形成的，这些尘团

△ 太阳系8大行星

增长到小行星那么大，其中有一部分会继续增长，以至大得呈现出明显的引力场，使自己的质量更快速地增长，每一个都达到像一颗大行星那么大。这些天体就是所谓寡头行星，因为它们的引力对周围起着如同寡头一样的支配作用。

20世纪末，科学家逐渐达成共识，在当时的九大行星轨道之间是找不到大行星的，只有在水星轨道以内，或者到冥王星轨道以外才能找到，前者称为"水内行星"，后者称为"冥外行星"。

科学家从20世纪就努力寻找水内行星。虽然有的发现了一些"蛛丝马迹"，但经不少科学家的检验，没有到水内行星的身边去实地观测。1976年美国专门发射了一艘宇宙飞船在那里整整寻找了一年，也没有找到可以证明存在水内行星的痕迹。由此看来，存在水内行星的可能性十分渺茫，甚至可以完全排除了。

科学家寻找新的行星也做了许多工作，他们用超大型望远镜对准这颗未知行星可能出现的地方，拍摄了数以万计的照片，希望从这些照片中像沙里淘金似的找到它。此外，美国发射的"先驱者10号"和"先驱者11号"宇宙探测器，在太阳系边缘附近做了大量观测，企图找到冥外行星。

太阳系究竟还有没有大行星？至今说法不一，仍然是一个谜。也许，这个谜将由你来揭开。

探秘太阳系未解之谜

行星的运动轨道是椭圆的吗

人类为了探索宇宙的奥秘经历了怎样艰辛的努力啊！有的人甚至为此赔上了性命。可是真理的光辉是遮掩不住的，它需要的是时间。行星的运动轨道是椭圆的，这在今天是常识问题，过去却曾困惑了多少人，多少个世纪。但是椭圆问题不同于圆那样划一，科学家又在为椭圆的大小费脑筋了。

开普勒关于行星运动的理论，完全不同于以前所提出的假说；他的关于行星运动的轨道"是椭圆"的断言，更超越了他前人所做的各种各样的改进。在有关行星运动的分析中，开普勒并不偏重于各种几何问题，相反，他提出了以下一些问题："行星运动的原因是什么？""如果像哥白尼的假说所指出的那样，太阳是太阳系的中心，那这一事实就应该能够由行星本身的运动和轨道辨别出来。"这些都是物理问题，而不像以前所设想的那样，都是几何构造的问题。

尽管开普勒解决行星运动等问题的方法，完全不同于他以前的任何人，但他的工作仍然是从对观察结果进行仔细分析后得出一般结论的方法，而且是这种方法的一个杰出的例子。他的分析过程漫长并且极其艰辛：他在二十多年的时间里，坚持不懈地进行工作，从来没有放弃他的目标。如果用呕心沥血这个词来形容他的努力，也丝毫不过分。

开普勒从一开始就认识到，仔细研究火星轨道是研究行星运动的关键。因为火星的运动轨道偏离圆轨道最远，它使得哥白尼的理论显出了严重的缺陷。此外，开普勒还认识到，对第谷·布拉赫准确的观察资料进行分析是整个问题的必不可少的先决条件。开普勒曾经写道：

我们应该仔细倾听第谷的意见。他花了35年的时间全心全意地进行观察……我完全信赖他，只有他才能向我解释行星轨道的排列顺序。

第谷掌握了最好的观察资料,这就如他掌握了建设一座大厦的物质基础一样。

我认为,正当朗高·蒙太努斯全神贯注研究火星问题时,我能来到第谷身边,这是"神的意旨",我这样说是因为仅凭火星就能使我们揭示天体的奥秘,而这奥秘由别的行星是永远揭示不了的……

实际上,开普勒曾千方百计想获得他梦寐以求的第谷的观察资料。如果说他犯了偷窃罪,似乎也并不夸张,因为他自己就曾经承认:"我承认,当第谷死的时候,我正是利用了没有或缺乏继承人这样的有利条件,使第谷的资料由我照管,或许可以说霸占了观察资料。"他自己又解释道:"争吵的原因在于布拉赫家族有怀疑的天性和恶劣的态度;另一方面,也在于我自己有脾气暴躁和喜欢挖苦人的毛病。必须承认,滕纳格尔有充分的理由来怀疑我。我已占有了观察资料并且拒绝把它们交给继承人。"

得到了第谷的观察资料以后,开普勒不断向自己提出了这样的问题:"如果太阳确实是行星运动的起源和原因,那么这一事实在行星自身运动中如何体现出来?"他注意到,火星的运动在近日点比在远日点要快些,并且"想起了阿基米得",于是,他用矢径(连接太阳和火星瞬时位置的矢量)的方法,算出了沿轨道运动的面积。开普勒写道:"当我认识到,在运动的轨道上有着无数个点以及相应产生了无数个离太阳的距离,我产生了这样的想法:运动轨道的面积包括了这些距离的和。因为我回忆起阿基米得用同样的方法,将圆面积分解成无数个三角形。"

这就是开普勒于1603年7月发现面积定律的经过。牛顿把它称为开普勒三大定律的第二定律。从此以后,人们都这样称呼面积定律。开普勒用了五年多的时间才建立起这个定律。其实,早在1596年他发表《宇宙的奥秘》这本书之前,他就在探求这一规律,那时用的方法是把五个规则的多面体与当时已知的六个行星联系起来。

面积定律能够确定轨道上各点的速度变化,但不能确定轨道的形状。在他得出面积定律的最终表述的前一年,开普勒实际上就摒弃了行星运动轨道是圆的假说。1602年10月他曾写道:"行星轨道不是圆。这一结论是显而易见的——有两边朝里面弯，而相对的另两边朝外伸延。这样的曲线形状为卵形。行星的轨道不是圆，而是卵形。"

在作出火星轨道是卵形这一结论之后，开普勒又花了三年时间才确定它的轨道实际上是椭圆，当这一结论确立时，他写道：

"为什么我要在措辞上做文章呢？因为我曾拒绝并抛弃的大自然的真理，重新以另一种可以接受的方式，从后门悄悄地返回。也就是说，我没有考虑以前的方程，而只专注于对椭圆的研究，并确认它是一个完全不同的假说。然而，这两种假设实际上就是同一个。我不断地思考和探求着，直至我几乎发疯，所有这些对我来说只是为了找出一个合理的解释，为什么行星更偏爱椭圆轨道……噢，我曾经是多么的迟钝啊！"

开普勒用了十年多的时间才发现了他的第三定律，即任何两个行星公转周期的平方与他们到太阳的平均距离的立方成正比。1618年，开普勒在他的《宇宙的和谐》一书中表述了这个定律。下面就是开普勒自己对发现这个定律的描述：

"准确地说，就是在1618年3月8日这天，这一结论显现于我的脑海中。但不幸的是，当我试图用计算来证实它的时候，我又以为它是错误的，因而我抛弃了它。5月15日，这个念头终于又回到了我的脑海中，并且以一种全新的方式使我豁然开朗。它与我17年来对第谷观察资料进行分析所得出的数据吻合得如此之好，以致刚开始的瞬间，我感到我好像在梦幻之中。"

至此，开普勒呕心沥血的漫长而艰辛的追求，终于结束了。

在他的第一本书《宇宙的奥秘》中，开普勒就说过："但愿我们能够活着看到这两种图像能够相互吻合。"22年后，当他发现了他的第三定律，从而使得他的梦想得以实现时，开普勒在《宇宙的奥秘》再版中加进了这样的注释："22年后，我们终于活着看到了这一天，并为此感到欢欣鼓舞，至少我是如此，并且我相信梅斯特林及其他人将分享我的快乐！"

彗星来自何处

彗星是宇宙天体中的"流浪汉",它不是每年每天都能见到的天体,彗星分周期彗星和非周期彗星两种,即使是周期彗星的周期也不一定,有的几年回归一次,有的几十年回归一次,有的上百年和上千年回归一次。还有的非周期彗星是一去不复返。周期彗星的运行轨迹多是椭圆形和抛物线状;而非周期彗星的轨迹是开放型和双曲线状。这种运行轨道是受天体间万有引力作用所至。在行星的摄动下,有的周期彗星变为非周期彗星;反之,有的非周期彗星也可

如果彗星的寿命真的十分短暂,而且它们的命运只能是四分五裂,形成大量的宇宙尘埃而最终步入消亡,那为什么直至今日,仍有大量的彗星遨游于天际中呢?为什么在太阳系形成至今的46亿年的漫长岁月里,彗星仍未消失殆尽。

上述问题的答案只可能有两个:其一,彗星形成的速度与其消亡的速度是同样迅速的;其二,宇宙中的彗星实在太多了,即使在46亿年后的今天仍未全部消失。不过第一种可能性成立的理由并不充分,因为天文学家们至今也未能发现彗星仍在形成的证据。

看来,我们只能从第二种可能性入手,丹麦天文学家詹·汉德瑞克·奥特于1950年指出:当太阳系形成之时,由于它的中心产生的引力无法充分束缚其最外部大量的宇宙尘埃和气体星云等原始物质。因此这些物质并未能形成整个聚合过程中产物的一部分,在这种聚合过程的初期,上述物质仍处于原始位置,并因受到的压迫较轻而形成1000亿块左右的冰态物质。这种云系虽然远离行星系,但仍然受到太阳吸引力的控制,人们称之为"奥特云"。至今还没人见过这些云系,但到目前为止,这仅仅解释了彗星现在

△ 著名的哈雷彗星是环绕太阳一周的周期彗星，我们每76年能见到一次

存在的原因。

很显然，彗星可能存在于上述云系中，这些彗星以极缓慢而固定的速度绕太阳旋转，其运行周期达数百万年，不过在某种时候，由于彼此间的碰撞或其他恒星的吸引，彗星的运行将发生改变。在某些情况下，其公转速度加快，此时公转轨道半径必将加大，并最终永远脱离太阳系；反之，公转速度也可能减缓，此时彗星将向太阳系中心靠拢。在这种情况下，彗星将以一种极为绚丽的形象出现于地球上空，从此它将以新轨迹运行（除非这一轨迹再次因星体间的碰撞而改变），并最终步入消亡。

奥特断定在太阳系存在的岁月里，有20%的彗星已经飘逸到太阳系以外或已坠入太阳而消亡了，不过，仍将有80%的彗星以其原有的姿态遨游于太空之中。

彗星起源的第二种假说认为彗星来自太阳系边缘彗星带。

这种学说认为太阳系边缘有个彗星带，那里大约有100亿颗彗星，它们可能是在50亿年前在天王星、海王星和冥王星形成时剩下的物质云形成的，并定期地向太阳系内部飞来。

当它们从大行星附近飞过时，由于行星引力作用，轨道受到摄动，于是轨道变成椭圆形，成了周期彗星。因此，它也就成为太阳系的固定成员了。如哈雷彗星，它就是椭圆形轨道，周期为76年，周期性地回归太阳系。这种说法实际上是"俘获"说。

第三种假说认为，彗星可能来自木星喷发物。

这种假说认为大多数周期彗星的轨道远日点都在离木星轨道不远处，由此可推测彗星很可能是由木星内部向外喷发一些物质而形成的。彗星的化学成分确实也与木星大气成分相近，这一点支持了喷发说。要想喷发，必须达

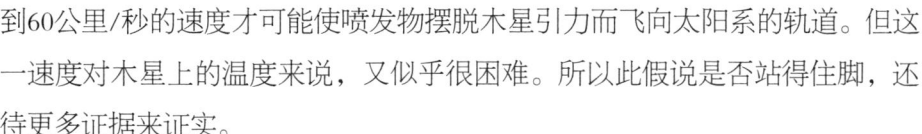

到60公里/秒的速度才可能使喷发物摆脱木星引力而飞向太阳系的轨道。但这一速度对木星上的温度来说，又似乎很困难。所以此假说是否站得住脚，还待更多证据来证实。

还有一种更加离奇的学说认为太阳有一颗姐妹星，叫复仇星，这在前文已有所描述。复仇星在绕太阳旋转的轨道上周期性地把致命的彗星释放到地球上，使地球上扬起弥漫持久的尘埃，环境发生剧烈变动，以致使生物从地球上消亡。每隔2600万年，复仇星离太阳最近时，引力使彗星从奥尔特云中飞出，其中一部分便飞到地球大气层来。至于复仇星的来历，有人认为它与太阳同期形成；有人认为它是后来被太阳俘获的。当它闯入太阳系时，可能挤走了某颗行星，并由于摄动力而引起地球上的一场大浩劫。至于复仇星是否存在，它是一颗恒星还是一颗行星，或是一颗黑星（黑洞）？到目前还一无所知，什么也没观测到。所以关于彗星来源问题，目前仍处于假说研究证实阶段，最后打开彗星之谜的金钥匙还没有拿到手。神秘的哈雷彗星蛋哈雷彗星每靠近地球时，地球上就出现神奇的彗星蛋，令人百思不解。1682年，哈雷彗星对地球进行周期性的"访问"时，在德国的马尔堡，有只母鸡生下一个异乎寻常的蛋——蛋壳上布满星辰花纹。1758年，英国霍伊克附近乡村的一只母鸡生下一个蛋壳上清晰地描有彗星图案的蛋。1834年，哈雷彗星再次在苍穹出现，希腊科扎尼一个名叫齐西斯·卡拉齐斯的人家里，有只母鸡生下一个蛋，壳上有彗星图。他把它献给国家，得到了一笔不小的奖励。1910年5月17日，当哈雷彗星重新装饰天空时，法国人诧异地获悉，一名叫阿伊德·布莉亚尔的妇女养的母鸡也生下一个蛋壳上绘有彗星图案的怪蛋，图案犹如雕刻，任你擦拭都不改变。为了得到1986年的彗星蛋，早在1950年，前苏联科学家便在国内联系了数以万计的农户；法国、美国、意大利、瑞典、波兰、匈牙利、西班牙等二十多个国家也建立了类似的调查网络。现在，调查结果已揭晓：1986年，意大利博尔戈的一户居民家里的母鸡生下一个彗星蛋，母鸡的主人意大利人伊塔洛·托洛埃因此暴富。为什么天空出现哈雷彗星时，地球上就出现蛋壳上描有哈雷彗星的鸡蛋呢？这个谜尚待解开，作为研究彗星的资料，被认为与免疫系统的效应原则，甚至和生物进化有关。

彗星会撞地球吗

在1994年发生的"苏梅克—利维9号"彗星碰撞木星的事件,引起了全世界科学家、政府领导人甚至平民百姓的关注。这颗彗星闯入离木星很近的地方,被木星的潮汐作用撕裂为21块碎片。天文学家预告"苏梅克—利维9号"彗星的碎片处在一条最后要和木星碰撞的轨道上,1994年7月下半月,这些碎片将陆续和木星相碰撞。正如预告的那样,1994年7月17日至21日,这颗彗星的21块碎片一块接一块地撞

△ 地球是否也有可能受到彗星的袭击

到木星表面。21块碎片中最大的一块直径约3.5公里,相撞时产生的烈焰高达1600公里。发生碰撞之后,在木星上留下的黑斑比地球还大。撞击所产生的能量相当于3亿颗原子弹,所发出的红外辐射极其强烈。人们以极大的热情关注这一宇宙碰撞事件的整个过程。同时,人们也在思考:我们的地球是否也有可能受到彗星的袭击?当然,彗星和地球相撞的机会要比彗星和木星相撞的机会少很多。然而,也不是一点可能性都没有。今天,天文学家比以往更加重视对彗星的研究了。

彗核是"脏雪球"吗

彗星,俗称扫帚星,出现时总是以它那拖着长长尾巴的特有外形吸引着人们的注意。在古代,它往往被视作不祥之物而给人以恐惧感。尽管人们对彗星已有几个世纪的科学观测历史,但认识还是很不足的。从体积上讲,彗星堪称太阳系中的庞然大物。彗星的彗发大过太阳,彗尾则更可长达3亿公里。然而这一切都是彗星运动到达离太阳较近时在太阳光作用下从彗核发展而来的。因此,彗星又是太阳系中最为活跃的成员。彗核实在太小了,地球上即使用大望远镜也观测不到。人们只是间接地猜测有彗核存在,并估计它的性质和大小。

那么彗核究竟是什么呢?一个世纪之前,纽顿认为彗星是一大团固体粒子,它们在相似的轨道上独立地绕太阳公转。这团粒子的中心密集区即成为弥漫的彗核,但核并不是一个整体。这就是最早的彗核沙砾模型。这类模型认为固体微粒是在太阳系外形成的,因而有星际物质成分。但各种沙砾模型的具体内容又有所不同。1953年,英国科学家里特顿在他的《彗星及其起源》一书中主张彗星是松散的粒子群,粒子间无引力束缚。而利奇特则在1963年他的《彗星本质》一书中认为彗星虽是较松散的粒子群,但粒子间有引力束缚。沙砾模型可以很自然地解释彗星的分裂以及形成流星群等观测事实。

另一种观点认为彗星具有致密彗核。这种看法上一世纪就有了,但直到1950年美国科学家惠伯才使这种观点有了重大的发展。他认为沙砾模型不能解释有关彗星的许多观测事实,如轨道长期变化,彗星爆发以及大彗星的气体尘埃比。惠伯的致密核模型认为彗核是由冰冻的母分子和尘埃微粒混杂组成的整块团状物质,称为"脏雪球"。这种模型可以解释彗星的多种观测特

△ 彗星

征，在惠伯之后又得到很大发展，但长期以来始终没有直接的观测证据。

1985年至1986年哈雷彗星回归期间，有5艘飞船到达彗星附近进行实地探测。根据探测结果，哈雷彗星的彗核并不是惠伯认为的那种简单"脏雪球"。这首先表现在外形不是一个球，而是呈长条形。彗核外表面极不规则，看上去像是由许多碎片组成的冰砾堆。表面粗糙，颜色极黑，如天鹅绒。彗核内物质的分布是不均匀的，最外部是由非挥发性物质构成的多孔表面层。因此当彗星接近太阳，外表温度高达30～130℃时，表面层之内仍可以有冰存在，温度低于−70℃。这一结构使彗核大部分表面不呈现较为均匀的气体升华现象。只是当阳光热量通过表面层传到内部并使冰升华时，蒸汽才能穿过表面层逸出，成为喷流等彗核活动现象。因而，外部看来只有小部分彗核表面是活动的，喷流呈离散状分布，而不是从整个表面向外发出。核的不规则外形本身就表明了冰不是在一段较长时间内从包壳下部持续地通过升华释放出来，因而核的内部结构也不会均匀。

这种带有外壳的复杂脏雪球模型为许多人所接受。但这毕竟只是对哈雷彗星单一样品的研究结果，而且严格说来许多内容还是间接推测出来的，以能说明用惠伯的简单均匀结构脏雪球模型所不能很好解释的一些观测现象。有些人，比如上面提到的里特顿，长期以来仍坚持他的沙砾模型。其他彗星的彗核又怎么样呢，如果有朝一日能直接从彗核上或深入彗核内部取一些样品来分析又会得出什么结果？这些只能留待以后的进一步研究来取得正确答案了。

真有陨冰吗

真的有来自地球以外的陨冰吗？如果有，它们是什么样子的呢，又是从哪里飞来的呢？这是人们迷惑不解的天文之谜。

1983年，在我国无锡市发生了一件引起国内外注目的事件，一直到今天依然众说纷纭，莫衷一是。

这一年4月11日中午12时50分，在无锡市东门这个闹市区，人们突然看到一块大冰从空中飞落，它擦过8米高的电线，随即撞到人行道的水泥方砖上，发出如同汽车轮胎爆炸般的强烈响声，这块大冰即刻碎裂成许多小冰块，并从地面升腾起一片神秘的"雾气"，但很快就"烟"消"雾"散了。

很可惜的是，这些奇特的冰块当时并未得到冷冻保存，不久就化成了水。

国家气象局研究院、中国科学院紫金山天文台和北京天文台的科学工作名闻讯先后赶到现场，和无锡气象站的科学工作者一起进行了联合考察，根据对众多目击者的调查，这次飞来冰（简称为坠冰）确实有它奇特之处。

第一个特点是大，在着地碎裂前，这块坠冰大约有一人合抱那么大，估计其直径为50～60厘米。它的形状还不太规则，大约呈扁圆形。

第二个特点是着地时无碎冰碴堆积现象，它全部碎裂为许多较小的冰块并向四方溅射，这些小冰块大多数如拳头大小，这表明这块飞来冰可能存在团块结构，也就是说它原来主要由拳头大小的小冰块聚集而成。

为了对比这块飞来冰和人造冰的性质，1983年4月19日下午，在无锡市科委的支持下，进行了两次人造冰高空抛落实验，人造冰的密度为0.9克/立方厘米，温度约为－1℃，其大小与飞来冰相近，抛落高度为22米，落点也是水泥路面，气象条件也相似。在实验时，同样请4月11日当时的8位目击者到现场

△ 陨冰

观看并作即时对照实验。

实验表明,两次人造冰着地后,在落点附近都有明显的碎冰碴堆积,向外溅射的碎块少而且块头也小,形状还不规则,有棱角。

飞来冰第三个特点是着地时有雾气升腾,而人造冰着地时没有出现雾气。

飞来冰第四个特点是触摸起来感觉比人造冰冷。由雾气和低温的特点可推测飞来冰中含有比人造冰更易挥发的物质。

飞来冰第五个特点是落地时声音较脆。

第六个特点是密度轻。同样大小的冰块,飞来冰比人造冰约轻三分之一。

飞来冰第七个特点是融化速度快,而人造冰融化慢。

由密度、融化速度和落地声响可推测飞来冰物质含有较多的肉眼不易觉察的小气泡,从而使密度变轻,融化速度变快,当高速撞击地面时就发出如同轮胎爆炸般的声响。

飞来冰的颜色据目击者反映有两种:一种是不透明乳白色;另一种是透明水灰色。另外据尝过飞来冰冰块的多数目击者反映,飞来冰无味,个别目击者说略微有点涩。

这块奇特的大冰是从哪里来的呢,会不会是从高层建筑物上抛落下来的?现场考察表明,在靠近冰块坠落地25米以内,都是明显低于8米高电线的建筑物,而且当时目击者看到这块大冰是近垂直方向落下的,因此可排除从高层建筑落下的可能性。

从无锡地区天气形势看,当时并不具备冰雹形成的条件,何况冰雹不爱"单刀赴会",它们擅长于以"集团军"参"战"。从无锡和我国各地的气象形势也排除了当时龙卷风"兴妖作怪"的可能性。

研究人员还先后前往无锡市附近机场和上海空军部门详细地逐一调查当时有关飞机飞行情况和气象条件，结果表明在飞来冰落下前后，没有飞机机身积冰后除冰或从飞机上抛下冰块的可能性。

根据这次飞来冰的性质和其他各项调查，紫金山天文台天文工作者在这次考察中提出这块大冰可能是从彗星上飞来的，彗核是以水冰为主的冰物质，并夹杂一些尘埃物质，当彗核在太阳系空间运行时，受迎面的流星体撞击，就从彗核表面溅射出一些碎冰块，有的偶尔与地球相遇，穿过地球大气落到地面，就成为陨冰。但是确证这块飞来冰是否为陨冰，还有待于以后更深入的分析研究。

然而对陨冰的怀疑也接踵而来。1983年无锡飞来冰降落后的短短几年时间内，又相继在江苏省南部落下三次坠冰。1983年12月6日中午12点30分坠落在江苏省武进县前黄乡西颐村的一次，1984年1月13日坠落在江苏省昆山县城南乡虹桥村的一次，1984年11月17日上午10点5分在无锡县梅村乡新北村坠落一块直径50厘米左右的冰块。陨冰是罕见的天象，怎么可能在如此短时间内于地球表面如此小的苏南区域接连发生呢？会不会还是人为的因素造成的？有的人又联想到也许有另一个肇事者——飞机？

所以，是不是真的有陨冰，至今仍然是一个未解之谜。

探秘太阳系未解之谜

彗星的活动与地球怪象有关吗

在太阳系这个大家庭里,有一种相貌奇特带尾巴的星星,人们称它们为"彗星",其中最著名的是哈雷彗星。1910年,当这颗彗星和地球相接近的时候,天文学家们推断,它将和地球相撞。这一年的5月19日,哈雷彗星果然来到地球附近,使人们惊喜的是彗星并没有和地球相撞而是擦肩而过。

然而,数百年来,人们依然把彗星看做一颗大灾星。世人把地球上发生的大灾难都归罪于彗星。战争、瘟疫、洪水、地震都说成是彗星搞的鬼。

彗星相貌古怪,拖着一条摇摇摆摆、时短时长的尾巴,发出金黄和灰白色的光,好像一把扫帚扫过夜空,人们又称它为"扫帚星"。它只是太阳系中一颗普通的星星。彗星和我们地球一样,也是在万有引力的作用下绕太阳旋转的。不同的是,地球的轨道很接近圆形,而彗星的轨道是椭圆形。因此,它有时离我们很近,最近时肉眼也能看得清清楚楚;有时离我们很远,最远时用最大的天文望远镜也找不到。彗星的轨迹除了椭圆外,还有抛物线和双曲线形。

彗星主要由彗头和彗尾组成。彗头包括彗核、彗发和彗云,但有的彗星没有彗云,甚至连彗发都没有。彗核是由冰和尘埃冻结在一起而形成的固体物质构成的,形状像一个"脏雪球"。这个脏雪球的质量大约在1000万吨到10万吨之间。

彗发在彗核的外面,是由一些云雾状的稀薄物质构成,而彗云则是彗发外面的氢原子云。

彗星的外貌随着它与太阳距离的远近而千变万化。当它远离太阳的时候,只是一个隐约可见的星状小暗斑;当它接近太阳时候,由于太阳光的压力和太阳风,使它的气体受热蒸发从而形成长长的尾巴。

△ 彗星的活动与地球怪象有关吗

彗星的成分是一种含有剧毒的物质——氰化物。只要一丁点氰化物，就能使大批生物死亡。因此如果彗星真的与地球相撞，或者它那1.5亿千米长的大尾巴，一旦扫过地面，这种剧毒分子就能在一定区域内大量地扼杀地球上的生物。

英国著名天体物理学家霍伊尔认为，彗星有可能还含有病毒类的微生物，几十亿年前，正是彗星把病毒或细菌传播到地球上，才使地球开始有了生命。有些人还认为，一些传染病，如1968年全球流行的香港型流感和中世纪的几次大瘟疫，很可能与彗星经过地球时带来的病毒有关。

据调查，当地球上发生大地震的时候，正好是彗星离地球最近的时候。1920年12月16日，我国海源发生了8.5级地震，这是本世纪以来最大的一次地震，而天文学家们发现，Ⅲ号彗星正好在1920年12月17日距地球最近，约为1.88个天文单位。在海源地震以前，智利、千岛群岛等地发生了好几次

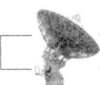

探秘太阳系未解之谜

7~8级地震。

1976年7月28日，我国唐山发生了大地震，在这前后的5月底到8月中旬，还先后发生了6次7级以上的地震。同年8月16日，在菲律宾发生了8.1级地震。据调查，1976年彗星从6月开始接近地球，在7、8、9三个月的时间内距地球都很近，只有0.125到0.3个天文单位。2000年来，每当地球上频频发生地震时，在地球附近游弋的彗星也明显增多。

当然地震发生的原因主要是地壳内部。外界的一些因素只是起诱发作用。彗星的体积虽大，但质量很小，是一个大而空的家伙。它真有本领扰动地壳发生震动吗？人们虽然对彗星会引起地震拿不出确凿的证据来，但对它的怀疑依然很大。

彗星给我们带来了许多疑团，但它究竟从何而来呢？

有一种假说是荷兰天文学家奥乐特提出来的。他推测在离开太阳系很远很远的边缘区，有一个彗星冷藏库——彗星云。其中聚集着大量的彗核，估计彗星是从这里来的。

据计算估计，彗星云大约位于离太阳10万亿千米处。在那里，大约有一万亿颗彗星。在众多的彗星中，由于受到某种力的影响，有少数彗星就能从太阳系边缘跑到太阳系里面，成为我们看得到的彗星。

有一种假说则认为，彗星本不是太阳系的成员，它们来自恒星际空间，在那里有许多尘埃和气体混合的星云，由于引力不稳定，它们被分解为许多小气体尘埃团，凝结而成小晶粒，这些小晶粒聚合成彗核。太阳在银河系里运行时，把这些小晶粒吸引到自己的周围，变成了彗星。

也有的科学家说，彗星来自太阳系内，是天王星和海王星未能吸住的小星子，在大行星的引力下，小星子跑到了太阳系的边缘，形成了一种彗星云。

关于彗星的身世，众说纷纭，至今还是个疑谜。总而言之，有关彗星之谜还有待于科学家进一步去探索。

小行星会再撞地球吗

对于人类来说,最大的自然灾害莫过于小行星冲撞地球了。如今,这方面的研究已取得了许多进展。1980年,有两位科学家研究了白垩纪和第三纪地层中间的一薄层黏土,发现其中含有大量的铱。而在地球上铱很罕见,小行星中却十分丰富。因此他们提出:在白垩纪末,大约距今6500万年前,地球曾遭到一个巨大小行星的碰撞,从而导致了恐龙的灭绝。这也是恐龙灭绝的假说之一。

几年前,地质学家在中美洲墨西哥的尤克坦海岸发现了一个水下陨石坑,他们判断说,这里很可能就是地球遭小行星碰撞的地点。1993年9月,美国和墨西哥的科学家测得这个陨石坑的直径约300公里,碰撞时释放的能量相当于两亿颗氢弹。据此估计,当时这颗小行星的直径有16公里。

与此同时,法国的一个研究小组也发现,在远离日本1900公里的太平洋底的一个1300平方公里的范围内,遍布有微米级的磁铁矿和铱晶体。他们认为这不可能是尤克坦遭碰撞时通过空气越过来的粒子,因为这样飞过来的粒子经过空气的摩擦,必然会被烧成圆形。因此他们推测,当时撞入地球大气层的小行星可能一分为二,其中一块撞在尤克坦,另一块则落到了太平洋的中部。

1993年,两位科学家根据电子计算机模拟认为,以前假定的大量小粒子碰撞的积累而导致地球自转是不可能的。他们提出了在40亿年前,曾发生过一次像火星一样大的天体碰撞了地球,从而使地球开始了自转,并由此产生了月球。这也是月球形成的假说之一。

此外,科学家们还根据空气动力学的复杂计算认为,彗星或含碳丰富的小行星会在更高的空中爆炸,还不至于危及地面。只有那些含铁丰富的小行

探秘太阳系未解之谜

△ 小行星撞击地球想像图

星才会在地面形成陨石坑。而介于两者之间的更普遍的石质小行星，才会发生通古斯类型的事件。这是一颗像足球场大小的小行星，其典型的速度为45马赫，当它以此速度进入大气层时，空气被集聚在其前方，后方就形成了一个真空，这一巨大的压力差形成的压力梯度正好会使它破碎。这一爆炸若发生在8公里的高空，可使周围的空气热达到50000℃，其威力相当于一个核弹头，并产生出一个以超声速扩散的热气团，其冲击波足以使一个像纽约那么大的区域内的树木全部燃烧起来。据称，6500万年前就曾有过一场遍及全世界的大火，该大火就是由小行星碰撞地球引起的，大火烧掉了全世界1/4中的植物，致使幸存的恐龙也因缺乏足够的食物而无法继续生存下去。

1993年6月，科学家们发现了一个新的小行星带，其中有许多直径小于50米的小行星正沿着离地球很近的轨道绕日运行。有人担心它们会对地球构成威胁，但经科学家们计算表明，这些直径小于50米的任何小行星在进入大气层后，都会被炸得粉碎，因此不会给地球带来任何灾难。值得注意的是，1983年，又一颗小行星被发现，命名为"1983tv"。英国天文学家在计算了这颗小行星的轨道之后，发表了自己的看法：如果"1983tv"不改变其运行轨道，将于2155年与地球相撞，可能会给人类带来灾难。

虽然这将是150年以后的事，但人类也该早想对策，而不能坐以待毙。其实，根据人类现代科学技术水平以及150年的高速发展，办法还是有的。比如我们可以迫使这颗小行星改变运行轨道，从而避免它与地球相撞。此外，我

△ 墨西哥奇卡拉布陨石坑

们还可以运用地对空远射程导弹一类的武器在太空中将它摧毁掉,这将不会是很困难的吧!而目前最重要的是,首先要精确地计算出这颗小行星的运行轨道,对于2155年碰撞地球一说得出一个准确的结论。在全世界天文学家没有得出共同的结论之前,它始终只是一个"相撞之谜"。

十多年前,美国宇航局的一个顾问委员会,在讨论恐龙灭绝理论时认为,将来类似的撞击也会使人类灭绝。为此,他们正在研究对策,一旦有一个直径为一英里左右的行星将要撞击地球,就可以用发射核弹头导弹在其旁边爆炸的方法,来改变它的行进方向。

出人意料的是,也有人欢迎小行星光临地球。因为未来学家们认为,一个仅1英里宽、含有上等镍与铁的小行星,能给我们带来高达4万亿美元的资产。除了大量的镍与铁之外,有些游离的小行星还可能含有丰富的金和铂以及一些稀有元素如铱等,其价值无法估计。所以,目前西方各国的科学家们正在想方设法地积极准备迎接这些地球的不速之客哩。

探秘太阳系未解之谜

太阳系有第二条小行星带吗

众所周知,在火星和木星之间有个小行星带,太阳系的多数小行星都集中于此。据一些天文学家分析,小行星之所以都集中在这里,是由于几十亿年间大行星的引力摄动逐渐形成的。那么,在木星和土星之间,会不会有第二条小行星带呢?

17年前,一些天文学家测定,大多数小行星在6000年后可能要被驱散,留下的少数小行星分布在位于木星到太阳平均距离1.35倍和1.45倍的两条带里。可是最新的测定表明,所有的小行星最终都要移动,其中最稳定的小行星持续的时间不超过900万年。说明在太阳系内有可能存在第二条小行星带。

但是,美国马塞诸塞州的三位科学家富兰克林、莱卡尔和索珀经过深入观测和研究,认为在木星和土星之间不可能存在一条小行星带,因为在这两大行星之间,没有发现假设的小倾角小行星轨道。

事情到此还没有结束,"脱罗央群"小行星的发现,又给人们带来了希望。前些年天文学家发现,在木星轨道上有一群脱罗央小行星。小行星分成两组,分别位于木星前后方600处的两个拉格朗日重力平衡点周围,与木星同步运行。最新的一项研究表明,似乎火星也有自己的脱罗央群小行星。1990年6月19日晚,美国帕洛玛天文台的稻尔特和《天空与望远镜》杂志专栏作家列维用望远镜拍摄到了一个17星等的移动天体,临时编号为1990mB。经计算表明,这是位于火星轨道L5重力平衡点上的一颗小行星。

据有些天文学家推测,在距土星之前和之后的轨道60°的位置上也可能有脱罗央群小行星,高倾角轨道也可能提供这种小行星的存在,不过目前还没找到它的存在。

地球起源假说

许多科学家对地球的起源问题提出了种种假说。有的科学家认为，地球是从太阳中"甩"出来的。有的科学家认为，地球是由于太阳内部爆炸而"抛"出来的。还有的科学家认为，地球是其他恒星偶然掠过太阳附近时，由于引力作用从太阳中"拉"出来的。

18世纪50年代，著名的德国哲学家康德提出了一个"星云说"来解释太阳系的起源。他认为，一切恒星都由弥漫在太空中的特质微粒凝聚而成的，太阳也不例外。这种云雾状的物质微粒叫"星云"。他设想，形成太阳系的特质微粒一开始分布在比当今太阳系大得多的空间范围内，最初是一片混浊。在万有引力的作用下物质微粒互相吸引，引力大的微粒吸引周围引力小的微粒，逐渐形成了团块。比较大的团块成了引力中心体。中心体不断吸引四周的微粒和小团块，使自己逐渐变大，最后凝聚成太阳。在微粒被吸向中心体的过程中，微粒与微粒之间有时候相互碰撞，结果没有被吸附在中心体上，而是围绕着中心体旋转起来。这些微粒又各自形成小的引力中心，吸引周围的微粒，最后凝聚成行星。有一些没有落到行星上的微粒也经过同样的过程，凝聚成为卫星，围绕着行星转。这样便形成了有规律地运行的太阳系。

在康德之前，波兰天文学家哥白尼提出了"日心说"，指明地球是围绕太阳运行的，但是他没有解决地球起源的问题。康德的"星云说"似乎比较圆满地解释了太阳、地球和其他行星及卫星的形成和运行规律，虽然这些假说都有一定道理，但都不能完美地解释地球起源和种种问题。因而地球的起源究竟在哪里，仍是一个待解的谜。

探秘太阳系未解之谜

地球生命起源之说

据记载，亚里士多德可能是生命起源之谜最早的探索者。他在公元前三百多年前提出了人的生命可以从非生命的物质中自然发生，这就是著名的生命自生论，它使不少学者都相信生命可以由非生命物质或他种生物直接而迅速地产生出来。

17世纪中叶，意大利医生雷迪用实验的方法，发现了苍蝇等生物并非是自然生成的，而是由亲代产卵所生，从而否定了自生论，建立了生源论，认为一切生物皆来自同类生物。

19世纪后期，一些学者提出了生命来自宇宙的假说。认为地球上的生命是由宇宙空间的生命胚种落入地表而形成的。

20世纪60年代，苏格兰格拉斯哥大学的化学家凯恩斯史密斯在化学起源说的基础上，提出了新的起源说——泥土说，认为生命是由颗粒细小的具有特殊结构的泥土产生的。

地球生命起源于哪里，是来自宇宙还是地表？这是难以在近期取得明确结论的问题。尽管化学起源说在众多假说中占有优势，但宇宙空间中的有机分子、陨石中有机分子的发现及其他许多可以表明宇宙生命物质存在的迹象，也都需要地表化学起源说作出合理的解释。

探索地球生命出现的时间

早在人类出现之前,各种生命就已经出现了。

地质学家最先在澳大利亚的生物化石中,发现埃迪卡拉动物群,后来又在前苏联发现了里菲生物群。通过对这些生物化石的年龄测定,确认它们是在距今5~6亿多年的寒武纪时代形成的。

1940年,麦克格雷尔在津巴布韦的石灰岩中,发现了可能是藻类留下的碳质遗迹,岩石年龄为27亿年。

1966年,巴洪和肖夫在南非德特兰士瓦的浅燧石中,发现了棒状细菌结构物,年龄确定为31亿年。两年之后,恩格尔也在南非年龄为32亿年的前浮瓦乞系的堆积岩中,发现了直径为10微米的球状体,并认为是一种微生物化石。

20世纪60年代以后,巴洪等人终于又在距今34亿年的斯威士兰系的古老堆积物中,用显微镜发现了二百多个直径约为2.5微米的椭圆形古细胞化石,其中有1/4的古细胞处于分裂状态。这个发现为证明三十多亿年前的生物遗迹的存在,提供了有力的证据。

但是,在已发现的古老化石中,年代最久远的还是1980年左右在澳大利亚西部发现的细菌化石,据测定,它的年代约在35亿年之前。

前几年,美国科学家对来自格陵兰岛伊苏亚地方海洋和冰帽间狭窄的无冰地带年龄为38亿年的古老岩石进行详细的碳、硫等元素的测定,发现这些岩石中含有机碳。他们根据这种同生命密切相关的有机碳的发现,提出了38亿年前就已有生命存在的新观点。

探秘太阳系未解之谜

地球里面是什么

我们采掘的矿井，最深能达到一两千米。而钻井的一般深度也只有3～5千米。为了特殊目的而打的超深钻井，最大钻探深度也不过万米左右。而地球的半径足有6300多千米。那么地心深处到底是什么呢？怎样去了解呢？

人们发现，地球内部有两个引起地震波变化的深度。一个在地下33千米处，一个在地下2900千米处。在33千米深处，地震波传播速度突然加速；到地下2900千米深处，地震波速度突然下降。

地震波传播速度为什么会发生变化呢？原来，地震波如果是在固态物质中传播，速度就低；如果在液态物质中传播，速度就快。据此，科学家判断，在地表33千米以内，一定是固态的物质，这一层称为"地壳"。由33千米到2900千米，地震波速度与地壳内的传播速度相比明显加快，这里可能存在着一种近似于液态的岩浆物质。这一层称为"地幔"。当地震波传到地下2900千米以下，一直到地心，地震波再次减慢。于是据科学家推测，这一部分可能又变成了固态物质，称它为"地核"。这样，地球就划分出地壳、地幔、地核三个圈层。

地壳以下究竟是些什么东西呢？是不是与地壳的元素分配相同呢？科学家推测，在地幔层、氧和硅的含量会比地壳有所减少，铁与镁的成分有所增加。但这些还都停留在假说阶段，至于地球里边到底藏有哪些物质，还有待研究。

火山喷发有规律吗

在意大利西西里岛以北的剁帕里群岛中的斯通博里火山，每天大约每隔10～15分钟就喷发一次，从古到今，一直如此，从未间断过。

每次喷发时，火红的熔岩小块被抛上几百米的高空，在夜空中显得极为壮观，颜色由鲜红的火花变成白色的云雾，因此是地中海航道上有名的"天然灯塔"。由于它高出海面900多米，在海上距离150千米就能看见，至今已有2000年之久。

△ 火山喷发

但是这个有"天然灯塔"之称的火山为何如此有规律地喷发？其中的奥秘人们还不清楚。

另外，在亚洲南部的菲律宾群岛中也有一座定时喷发的活火山——马荣火山。

据记载：20世纪，它的几次喷发时间为1928年、1938年、1948年、1968年。1977年底，大致每隔10年喷发一次，唯独50年代缺了一次。马荣火山为什么每10年喷发一次，到50年代为什么休眠？至今还是个谜。

探秘太阳系未解之谜

为何地球上有伤口

在许多人的眼中，我们生活的地球应该是一个圆形的，其实不然，在这个"圆满"的地球上，有许多难以愈合的伤口，谁也不知道那"伤口"是怎样形成的。几万年过去了，至今仍留给我们许多未解之谜。

地球上最大的伤口是东非大裂谷和海底深处的大裂谷。

△ 大裂谷

东非大裂谷从北亚的南土耳一直延伸到非洲东南的莫桑比克海岸。裂谷跨越五十多个纬度，总长超过6500公里。人们称它是"地球上最大的伤疤"。裂谷底部有些地方深不见底，积水形成四十多个条带状或串珠状湖泊群。其中东非坦噶尼喀湖，是全球最深的湖泊，水深超过1400米。而在无水的裂谷带，巨大而狭长的凹槽沟谷，两边是陡峻的悬崖峭壁。东非大裂谷究竟是由河流冲刷而成，还是因为地壳沉降形成一个夹在两边的峭壁间的"地堑"，至今未有定论。

130

美洲大陆是谁最早发现的

1492年10月12日,伟大的航海家、探险家哥伦布发现了美洲大陆。从那天起,他的名字便被载入史册。然而最近有些历史学家提出这样一个疑问,真是哥伦布最先发现了美洲大陆吗?

谁最早发现美洲?关于这一点,自18世纪60年代起,人们便开始争论不休。

1761年,法国汉学家金勒根据中国古书《梁书》的记载,对哥伦布发现美洲的说法提出了异议。金勒认为,如果古书记载无误的话,最早发现美洲者应是公元5世纪的中国僧人慧深。以后美国、哥伦比亚、墨西哥都有人发表文章,同意金勒的看法。

1987年,墨西哥的古斯塔沃·巴尔加斯教授综合了专家们的意见,以大量的实物和图片,写了一本名为《最早发现美洲大陆的是中国人》的书,该书谈到:在哥伦布以前大约1000年,中国南北朝宋文帝的时候,一位名叫慧深的僧人曾率人乘帆船离开中原,沿阿留申和阿拉斯加航行,到达当时被称为扶桑国的墨西哥。

然而,也并不是所有的人都同意巴尔加斯的观点。挪威考古学家就认为,最先发现美洲的并非中国人,而是挪威航海家雷夫·艾里克。他们的说法并不是毫无根据的,因为早在中世纪时,北欧就发现过一本名叫《红色艾里克世家》的羊皮书。书上曾提到一个长着红头发的挪威人发现了格陵兰岛,并将全家都移居到那儿。

随着争论的持续,对美洲大陆发现权各种学说犹如雨后春笋般层出不穷。

撒哈拉的雨蒸风和沙暴之谜

撒哈拉的沙暴是和西蒙风连在一起的。其过程如下：晴空万里、骄阳如火的沙漠中，天空中传来一种奇怪的声音，高而不连续，时有时无，这就是"沙漠之歌"。声响之后，沙丘的顶峰开始活动，热空气把沙粒卷入高空，形成巨大的黄色沙粒，顶天立地，旋转不已。太阳由暗红到颜色消失。霎时，狂风大作，黄沙漫天。黄沙扑打在脸上，如针扎一般，甚至刺破皮肤渗出血来。沙暴开始了，把鸡蛋大的石头吹得满地跑，把沉重的驼鞍抛出几百米外。被风暴卷起的沙粒从高空中迅猛地砸下来，使人处于十分危险的境地。每当沙暴肆虐，穿长袍、缠头巾的当地阿拉伯人，将全身裹得严严实实，顶着风，弯着腰，迅速走到附近的背风地方躲避。沙暴一般只两三个小时，当然也有刮上一两天的。如果探险队遇到这种天气，就会十分危险。

地震成因的假说

从19世纪后半叶起,人们开始对地震时观测到的种种现象进行分析,得出地震是地壳运动引起的这一结论。

后来,在20世纪20年代初,又产生了大陆漂移的假说。大陆漂移假说认为:地层产生褶皱并不需要收缩,当大陆移动时,前缘如果受到阻力就会发生褶皱,就好像船在水上行驶时,在船头产生波浪那样。在20世纪30年代,经过激烈的辩论之后,大陆漂移说又宣告失败。

到了20世纪60年代,又有人提出了"海底扩张"的假说,认为由于海底的不断更新和扩张,造成古磁场和年龄数据的对称分布。而当扩张的大洋地壳到达火山边缘时,便使俯冲到大陆壳下的地幔逐渐熔化而消亡,因而无法找到古老的大洋地壳。

到了20世纪70年代,在大陆漂移说和海底扩张说的基础上,又产生了"板块构造"学说。

板块构造说强调全球岩石图并非一块整体,而是由欧亚、非洲、美洲、太平洋、印度洋和南极洲六大板块组成。这些板块驮在地幔顶部的软流层上,随着地幔的对流而不停漂移。板块内部地壳变得比较稳定,板块交界处是地壳活动较多的地带;大地构造活动的基本原因是几个巨大的岩石层板块相互作用引起的。由于地震是大地构造活动的表现之一,所以板块的相互作用也是地震的基本成因。

板块构造说是一门新学说,它为地震成因提出了一个新的研究方向。但是毕竟也是一种假说,地震的真正成因还待进一步研究。

探秘太阳系未解之谜

地球的变动之谜

地球绕日运动的同时，自己发生了哪些变动呢？据最新研究成果表明：

地轴在摆动：地球绕轴自转。现已发现地轴有周期性摆动，其时间和太阳的运动相吻合。

温度在上升：石油、煤炭和其他化石燃料的开发利用，使地球的大气变得越来越暖和。从人造卫星上拍摄的照片上可以看出，南极洲的冰雪仅1980年夏就比1977年夏少了35%。如果各国继续燃烧上述各类燃料，那么在下一个100年中，地球将变得和几千万年以前那样热，科学家们相信它足以融化南极洲的冰块。使海水升高。

体积在膨胀：由于大洋底部的扩张活动使地心的密度逐渐变小，地球的体积越来越大，自转速度降低。在3.6亿年前。地球上一年为480天，而现在的一年只有365天。

首先，地球上的陆地在不断变位。在美洲东北部，北冰洋边上，有一个面积达217.56万平方千米的世界第一大岛——格陵兰岛。全岛84%的面积常年为冰雪所覆盖，以有珍奇的生物和独特的自然景色闻名世界。1870~1926年和1933年两次大规模的精密大地测量，查出欧洲和美洲之间的距离在增大，沿北纬45°这条线上，7年中增大了4.55米。除了格陵兰岛逐渐远离欧洲这样的运动，像北欧的芬兰、瑞典、挪威等地，近一万年来一直在比较迅速地上升。芬兰的海岸最多升高了将近百米的，这里的波的尼亚湾已逐渐变浅，如今地势还在以每年大约1厘米的速度上升。与此同时。西欧一带则在下沉，如荷兰便因此以地势低下而著名，这里的海岸一年要下沉2~3毫米。

大地无时无处不在动荡，既有水平方向的运动，同时也有垂直方向的运动，只是平时我们不易察觉罢了。当强烈地震发生时，则常有显著的表现。

1976年河北唐山大地震中，大地发生水平的位移清楚地显示出来了，譬如原来成行的树木被错开成为不连续的两行。原来成排的房屋被错开变得凌乱，它们错开的距离都大致相同，约1.2米左右，错动的方向也相同，都是按顺时针方向扭动。垂直方向的运动也有表现，由于上下错动，原来平坦的地方变成了台阶，高度一般达50～60厘米。

早在1910年，有一个叫魏格纳的德国气象学家注意到：南美洲东部的海岸线和非洲西部的海岸线非常相似，这两个大陆简直可以像拼板游戏中两块互相契合的拼板。后来，人们又在这两个大陆上发现了极其相似的动物化石——几乎是一模一样的。有些科学家提出，这两个大陆极有可能曾一度连在一起，后来才分裂漂移开来。有的科学家甚至提出假设，说所有的大陆都曾经是一个整块。现在许多事实证明这一假设是基本正确的，大多数地质学家都同意这一假设。

魏格纳的大陆漂浮学说已被一些直接的证据所证实。第一个证据是美国宇航局戈达德空间飞行中心的科学家们检测得的。他们把两台射电望远镜指向同一个类星体，然后测定来自星体的无线电讯号到达这两台望远镜的时间差异，经过计算作出如下结论：北美洲正以每年0.6英寸的速度漂离欧洲大陆。

第二个证据是运用激光技术测得的。宇航局的一些科学家把一束激光信号发向某个地球卫星，并使它反射回来，测定地球上的某一点在激光往返的这段时间内所移动的距离，通过计算获知：澳大利亚和夏威夷正以每年2.7英寸的速度相互靠拢，同时双双缓缓地漂离南美洲。

中国地质工作者在西藏进行多年考察研究后，得出结论：大约在三亿五千万年前，当今的印度大陆、喜马拉雅和唐古拉、冈底斯山古生代时不在我国，而在当今的南极。

大约在三亿五千万年前，当今的印度大陆、喜马拉雅、拉萨、非洲、澳洲、南美洲，同属南极的成员，统称冈瓦纳大陆。大约在二亿五千万年前，冈瓦纳大陆开始向北漂移，并先分裂出唐古拉、冈底斯、印度大陆等微板块，与北部的亚洲大陆相撞。大约6500万年前，印度大陆向北漂移，与欧亚

△ 火山爆发是地球内部热能在地表的一种最强烈的显示

大陆相撞，便形成喜马拉雅山脉和青藏高原，并由于印度大陆向北潜入欧亚大陆之下，使喜马拉雅和青藏高原迅速上升，持续至今。

万物变化兮，固无休息！人类脚下的大地仍处于不断的变动之中，只不过以人类短暂的生命，无法体验得更明显罢了。

除陆地不断变动外，地球的气候也在不断变化。首先我们知道地球有春夏秋冬四季，它的存在本身就是一个未解之谜。生活在地球上的人类不禁会问，地球为什么会有四季，是什么原因会使地球风云变色，出现盛夏严冬截然迥异的气候，是什么使地球经历漫长的冰河时期？天象学家和科学家也一直在渴望找到最真实、最有说服力的答案。

在当代，解释气候变化的理论不下数种，这些理论的共通之处是：它们一致认为二氧化碳是引致地球天气出现诸般变化的"疑凶"。二氧化碳分子像一块单面镜子，接收从太阳那里发出的辐射，太阳辐射穿过它直达地球，地球把这些辐射反射到天空时，二氧化碳便将它们吸收。科学家发现，地球早期的二氧化碳含量比现在要低三成。储藏二氧化碳的地方是地球本身。在深海里，海水中二氧化碳的含量比大气层的还多出十数倍。

地壳的移动，一方面将被贮藏的二氧化碳释放到大气层去，使地球温度上升，形成炎热天空；另一方面也能从大气层中将二氧化碳吸走，使地球气温骤降，制造酷寒的气候。

目前，最让人担心的是地球出现"温室效应"，弥漫在大气层中的二氧化碳会把海洋煮滚，届时，地球上的生物将面临灭绝的厄运，就难免使科学家提出以下的问题：二氧化碳的命运如何？当太阳越来越炽热时，地球采取什么"隔热"措施，免被太阳的热力熔掉？

20世纪80年代中期，美国太空总署的汉森教授和沃森教授向参议院呈交了一份报告，预言在未来15年，温度将升到"地球10年未曾有过的水平"，这一预言已初步得到证实。太空总署研究人员认为，在过去100年期间，地球平均气温增加了接近华氏一度，增加最快的是最近三十多年。倘若继续下去的话，将引发出来大灾难。极地冰雪将开始融解，海水淹没低洼陆地。环境保护局相信，到2100年，海平面可能上升1～4米。

汉森和沃森认为，远离海岸的地方也将发生反效果，整个地区从农地变成沙漠，造成某种类动物灭绝。但也有些专家说，温度上升的理论未得到证实，他们也强调海洋在调节温度的作用。科学家指出：地球的大气之所以正变得越来越暖和，这是由于大气中二氧化碳含量不断增加所引起的，并警告说，总有一天温暖的气候会使南北极的冰融化，引起海水上涨而造成水灾。

据人造卫星探测，南极洲的冰在夏季比早年少了许多，以1980年与1973年相比，就减少了35%。科学家还发现：从1880年到现在，地球的温度已上升了半度多，而大气中的二氧化碳含量也增加了15%。如果世界各国继续燃烧化石燃料，那么在下一个100年中，大气中的二氧化碳含量会增加76%，地球也将变得和几千万年以前的恐龙时代那样热。那么热的天气将能融化南极洲所有的冰，海水将比现在上涨5～7米。

地球越来越圆，也是变动征候之一。科学家们已首次观察到：地球形状有极其微小的变化。得克萨斯州大学一组对地球大气层及其外面的宇宙间进行研究的工程师,根据1976年发射的一颗绕地球旋转的卫星的轨道变位来测定地球的形状变化。太空研究中心的鲍勃博士说:"地球引力场的变化引起卫星轨道的变化。这些引力变化是地球形状变化的反映,我们认为这是由于几千年前最后一块冰块融化所产生的长期无法检测的变化而引起的。"这种变化的结果是地球质量的更大部分向两极移动从而使地球越来越圆。

此外,地球不仅越来越圆,而且也越来越大——大家知道地球在自转的同时还要围绕太阳进行公转,围绕太阳公转一周为365天即一年。但是不是一年的天数永远固定不变呢?不是。地球上曾经出现过一年480天。这是怎么回事?原来是我们生存的地球的体积大小发生了变化。这个秘密是前苏联科学院海洋地质研究所揭开的。通过对大洋底部的地质调查,他们发现地球在不断膨胀增大。调查结果证明,地球上大洋底部的裂陷扩展从来就没有停止过。而且这种裂陷扩展是沿着北极到南极纵绕地壳的山脊状裂陷经常进行的。这种裂陷扩展,在太平洋底部最为迅速,其扩展速度平均每年达5～8厘米。北冰洋和南极的海底裂陷带,扩展速度稍慢。地球为什么是椭圆形而不是正圆呢?其原因之一就是由于这种扩展是中部快、两极慢的缘故。

在距今三亿六千万年前,地球的体积比现在小,其直径只有现在的2/3。由于体积小,自转一周所需的时间也就短,因此那时地球上一年有480天。由此类推,在二亿八千万年前,一年约为396天;而到65万年前,一年则只有379天。地球的这种变化现在并没有停止,膨胀还在继续下去。我们可预测到2亿年后,一年只有350天了,9亿年后只有300天左右了。

 # 地球的南北磁极互换之谜

人们都知道,地球是个大磁场,南磁极(S极)在地球的北端,北磁极(N极)在地球的南端。

倘若有人告诉你,在地球的某些角落,古老的岩层保持着与现代磁场相反的极性,使指南针到那里会发生紊乱现象,你一定会感到闻所未闻。

1906年,在对法国司巴夫中央山脉地区的熔岩进行考察时,法国科学家布容意外地发现,那里的岩石具有与现代磁场方向相反的磁性。随后,其他科学家也相继发现了许多这样的事实。于是,人们终于相信:地球磁场不是永恒不变的,整个地磁场曾经发生过颠倒,南磁极与北磁极曾经对换过位置。科学家们把这种现象称为"磁极倒转"。

通过深入研究,科学家们还发现:磁极倒转现象曾经多次发生,仅在近450万年里,就可以分出四个极性不同的时期。更详细的研究则证明,纵然在同一个时期里,地磁场方向也并非一成不变,而是发生过一些历时较短的极性变化。

在不断探索中,科学家们又惊异地发现,地球磁场的这种极性变化,同样存在于更古老的年代里。从大约6亿年前的前寒武纪末期,到约5.4亿前的中寒武世纪,是反向磁性为主的时期;从中寒武世纪到约3.8亿年前的中泥盆世,是正向磁性为主的时期;中泥盆世到约0.7亿年前的白垩纪末,又是以正向极性为主;白垩纪末至今,则是以反向极性为主。

究竟是什么原因使地磁场方向发生这种反反复复的变化呢?

1967年,科学家斯蒂纳提出,地磁场极性的变化,与地球追随太阳作环绕银河系中心的运动有关。他指出,银河系中心也存在着一个磁场,它集中在银道面上,并在银道面上下呈相反的方向。当太阳在环绕银河系中心运行

探秘太阳系未解之谜

△ 地球的磁极

时，会在银道面上下做波状起伏运动。如此不断往复，在太阳绕银河系中心运行一周的2.74亿年中，大约要上下往复三次多。平均往复一次的时间为0.77亿年。

人们在对450万年前的数据进行分析时发现，地磁场极性变化中，恰有一个时间尺度约为0.8亿年的周期。这或许并非偶然。但是，斯蒂纳的观点却无法解释那些周期较0.8亿年短得多的极性变化，因而一时不能使人信服。

到1979年，针对恐龙灭绝原因的种种猜测，有一位科学家一鸣惊人地提出：恐龙灭绝是小行星坠落的结果。这种新观点立即得到许多科学家的支持。使得一些古地磁研究者确信：与生物灭绝同步的地磁倒转可能与巨大陨石的坠落有关。从已经鉴定的一百多个陨石坑，科学家们得出这样一个结论：在地球的存在史上确实有直径比1千米大得多的天体坠落过。巨大的撞击穿过地壳，深入地幔，从而使地幔对流和外地核物质的流动方向发生根本改变，引起地磁极倒转。遗憾的是，还没有证据表明，在已发现的一百多个陨石坑的形成期，都有地磁极倒转同步发生。

1989年，在美国巴尔的摩举行的全球气候变化和环境污染国际研讨会上，美国科学家缪拉发表了气候变化导致地磁极倒转的见解，却未能获得大多数研究者的赞同。人们无法否认，地磁极倒转与古气候变化之间有某种程度的联系。但是，在距今三四百万年前，正是地球气候比较温暖、比较稳定的时期，地磁极性为什么却也多次发生变化呢？

科学家们莫衷一是，于是有人便提出地磁倒转是地球本身变化的结果，同样缺乏必需的证据。

地球年龄之谜

地球孕育了人类，并为人类提供了各种资源以及发展文明的物质基础。地球究竟有多大年纪？这个令人感兴趣的谜一直困扰着人类，也吸引了无数科学工作者去思考、探索。

1854年，德国科学家赫尔姆霍茨依据对太阳能量的推测，认为地球的年龄不会超过2500万年。

1862年，汤姆森提出，地球形成时只是一个炽热的火球。他在考虑了热量在岩石中的传导以及地球表面散热的快慢之后，得出这样的推论：如果地球上没有别的热源，地球从最初时期的炽热状态到现在这样的冷却状态，大约需要2000万年至4亿年。汤姆森这位英国著名物理学家的推论，引起了各种不同的意见。一时间，人们争论不休。

20世纪，随着同位素地质测定法的诞生，科学家终于找到了测定地球年龄的科学方法。运用放射性C14同位素地质测定法，科学家可以测出岩石中某种放射性元素的含量，从而计算出岩石的年龄。到目前为止，科学家找到了38亿岁高龄的岩石，可以说这是最古老的岩石。不过有人提出疑问：这块最古老的岩石是地球冷却后形成坚硬的地壳才得以保存下来的，加上岩石冷却的时间，地球的年龄肯定超过38亿岁。

地球的确切年龄到底是多少？20世纪60年代，科学家又找到一种测定的好方法，就是测量和分析那些坠落在地球上的陨石年龄，从而推测地球的年龄，结果发现大多数陨石都有44～46亿年。20世纪60年代末期，美国"阿波罗"11号宇宙飞船首次登上月球，宇航员采集了月球上的岩石标本，经过测定后发现，月球表面岩石的年龄也在44～46亿年之间，所以现在的一些教科书及科普读物都将地球的年龄定为46亿岁。

△ 地层好比是记录地球历史的一本书，地层中的岩石和化石就像这本书中的文字

但是，还有许多人不同意这个结论。他们认为，地球年龄定为46亿岁的前提条件是，地球、月球和陨石是从同一星云、在同一时间演化而来的，可是这个前提本身还只是个有争议的假设。

中国著名地质学家李四光认为，地球开始形成大概在60亿年前，到了45亿年前，地球才成为一个地质实体。

前苏联学者施密特指出，从尘埃、陨石逐渐吸积，聚集成为地球的角度进行测算，地球的年龄应该有76亿岁。

由于人类至今仍然没有在地球上找到超过40亿年的岩石，所以上面的种种说法都是借助间接证据推测出来的。这样看来，46亿年这个数字，还只是科学家进一步研究地球年龄的一个起点。

地球的自转速度不稳定之谜

天体围绕着自己的轴心转动被称为自转。地球自转一周的时间大约是23小时56分4秒,亦即我们所说的"一昼夜"或"一日"。

过去,人们一直认为地球自转的速度是均匀而恒定的,因为我们很难察觉地球的自转运动。直到17世纪末,著名的天文学家哈雷发现了月球公转的加速运动,才使德国哲学家康德开始怀疑地球的自转在长期减慢。他认为,地球上的潮汐摩擦导致地球越转越慢,而月球公转的加速运动实质上是地球自转长期减慢的一种反映。但康德的观点在当时并没有得到多数人的支持。1675年,英国天文学家弗拉姆斯蒂德也指出,地球的自转速度应该是变化的。这一推测也未能引起人们的重视。

后来,随着天体观测技术的提高,人们常常发现天体的观测数据总是与理论推算的结果不相符,这就使人们对地球自转的均匀性产生了怀疑。直到20世纪初发现了太阳的加速运动现象,人们才又重新提出地球自转速度长期减慢的问题,并开始探讨其原因。

1929年,科学家制造出了精度非常高的石英钟,用它测定地球自转周期,进一步证实地球自转运动是不均匀的,存在着长期变慢的现象,在100年里,一日的长度大约增长千分之一秒到千分之二秒。由于一日的变长不太显著,所以只有经过长期积累才会对人类活动产生影响。

对珊瑚石的研究也为地球自转速度减慢提供了有力的证据。1963年,美国古生物学家韦尔斯通过对珊瑚化石"日轮"的研究,发现在4亿年前泥盆纪时代的珊瑚化石上,每一"年轮"中有400条"日轮",说明当时一年有400天左右,而在3.3亿年前的石炭纪时代的珊瑚化石上,则有380条"日轮",说明当时一年有380天左右。目前珊瑚相邻"年轮"之间则有365条环纹,正好

探秘太阳系未解之谜

和现在一年的天数相等。如果地球绕太阳运动的轨道不变，它公转一周的时间就不大可能有变化，由此推算，泥盆纪时的一天就只有21小时54分，石炭纪时一天也只有23小时多一点。

目前，对于地球正在越转越慢的事实，人们已不再怀疑，但是对自转速度为什么会变慢这一问题，则有各种不同的见解。

除了康德早就提出的月球对地球产生潮汐摩擦这一原因外，最近又有人提出了新见解，认为潮汐摩擦只是一个方面，另外，地球半径的胀缩、地核的增生、海平面与冰川的变化等自然现象，都可能引起地球自转速度的长期变化。但这些课题，目前还处在进一步探索过程中。

随着研究的不断深入，人们发现地球自转速度还有季节变化，即在春天慢20～25毫秒，秋天又快20～25毫秒的年变化。对此，有人解释为主要是季风和洋流周期性地搬迁地表质量引起的，但也有人认为这种变化是由地面上气团的移动引起的，并作了形象的解释：每年春夏季节，有几十亿吨水蒸发变成水汽进入几百米、几千米的高空，这仿佛是地球伸向宇宙空间的许多手臂，它们能使地球自转速度减慢。地球自转好像一个溜冰的人在旋转，当他两臂伸展时，旋转速度就要变慢。同一道理，在秋冬季节，大气中的水汽回复为地表水，好像地球收紧了许多手臂，地球自转速度便又加快了。以上两种解释哪种更科学，还有待证实。

在发现转速周期变化的同时。科学家还发现地球自转有时快时慢的不规则变化。这些变化有的表现平缓，可能与地核、地幔之间的角动量交换有关。但有的却是急骤的突变，如在美国华盛顿和里士满两个地方、曾测得地球转速在1957年、1961年和1965年都有明显突变。这到底又是什么缘故？至今人们还不得其解。

 **外星人真的来过地球吗**

据俄罗斯媒体报道，通过对历史上一些古老地图的研究，一些西方科学家得出一个令人难以置信的结论：他们越来越相信，外星智能生物不仅曾在地球上出现过，并且其智慧可能已被我们人类部分地传承了下来。外星智能生物可能来过地球的最明显标记就是一些古老而神秘的地图。人类先辈不可能绘出这些地图，那么这些神秘的地图最初到底出自谁手？

在所有的神秘地图中，最著名的自然要数16世纪初土耳其海军司令皮利·雷斯上将收藏的雷斯地图了。在雷斯地图上，可以看到用土耳其语密密麻麻注释着的美洲新大陆的地形，其板块一直延伸到了拉丁美洲的最南端。让人称奇的是，除了南、北美洲和非洲海岸线外，甚至连南极洲的轮廓都丝毫不差地描绘在了雷斯地图中。可是南极山脉6000年来一直被冰雪覆盖着，人类直到1952年才靠回声仪的帮助将其测绘出来，雷斯地图的最早绘制者又是如何知道冰雪下的南极山脉形状的呢？一个最大的可能是有关南极的地图，在南极洲冰封之前，已经问世。古地图研究者冯·丹尼肯对此得出的结论是：我们的祖先不可能绘出这样精确的高空投影地图，因此，只有外星智能生物或某个已经消失的地球高级文明才能解释这幅神秘地图的起源。

另一幅著名的神秘地图名叫弗兰科·罗赛利地图，如今它被保存在英国格林尼治国家海洋博物馆里。这幅地图有28厘米长、15厘米宽，它出自15世纪一位著名的意大利佛罗伦萨制图师之手，绘图法在当时仍是一门新兴的实验性艺术。

令人惊讶的是，罗赛利地图对南极洲也具有非常精确的描绘，在罗赛利地图上可以清晰地看到罗斯海和威尔克斯地的形状。人们不禁要问，这幅地图大约绘于1508年，那个时候南极洲压根儿还未被人类发现，确切地说过了

探秘太阳系未解之谜

△ 不明飞行物想像图

好几个世纪后，直到1818年南极洲才被欧洲人发现，那么南极地形怎么会突然出现在一张16世纪初的意大利地图上？和雷斯地图一样，罗赛利地图同样运用了高空测量技术。虽然地图上也有一些错误，但这些错误都发生在更北部的纬度附近，颇具讽刺意味的是，这些绘错的地区对15世纪的人们来说反倒已经没有了任何神秘之处。很显然，罗赛利地图也是一份古老原作的复制品而已。其他类似的神秘古地图还包括1531年的奥朗蒂斯·芬纽斯地图上，竟绘出了被1.6千米厚冰层覆盖的南极河流。1559年绘制的哈德吉·阿曼德地图，这幅地图上竟清楚地绘出了冰河时代横跨西伯利亚和阿拉斯加的大陆桥轮廓。这些古地图表明，古人不仅知道这些地方的存在，且彼此间还保持着某种文化往来。那么，这种沟通是如何开始的呢，远隔重洋的古人是如何知道在跨过无边无际的大海后一定能够找到陆地的呢？

唯一合理的解释是走海路。可是就算树排能载着史前人类出海远航到澳大利亚，那么在茫茫大海中他们一定得知道此行的终点站，否则无异于自杀。就像航海家哥伦布知道自己要去哪里，他们肯定也有一个关于大陆的传说，或者他们的手中有一张更古老的地图。

146

月球起源之谜

1974年以前，对月球的起源存在下面三种假说：

一种认为月球是地球的"夫人"，即俘获假说，认为月球原先是太阳系里的一颗普通的小行星，在一次偶然的机会中它行近地球时被俘获，而成为地球的卫星。

第二种认为月球是地球的"女儿"，即分裂说，认为最初月球只是地球赤道的隆起部分，在太阳的引力和地球的快速自转作用下，月球"飞"了出去，分裂为卫星。

第三种认为月球是地球的"姐妹"，即共生说，认为月球与地球是从同一片原始星云中凝聚生成的。

"俘获说"虽然能解释月球和地球在成分上的明显差异，但使用电子计算机的模拟表明，由于月球与地球的质量相比达到1/81，远远超过太阳系中其他卫星与所绕转的行星的质量比，地球要俘获这样大的一颗星做卫星几乎是不可能的。况且月球又在近圆的轨道上绕地球转动，质量相对巨大的月球被地球俘获后又要出现这样的一种运行状态，这种可能性几乎等于零。

"分裂假说"存在着动力学上的致命弱点。假如月球真像这一学说提出的那样，它是由于原地球的高速自转，从原地球中分离出去的。按照角动量守恒的原理，目前的地月系统应该保留当时原地球的巨大角动量，这就像快速自转的冰上芭蕾舞演员不论他两手伸开、转速较慢，还是两手收拢、转速加快，他的角动量应该守恒一样。但计算表明，目前地月系统的角动量已经远较能分裂出月球时的原地球小得多。那么巨大的角动量又损失到哪里去了，分裂说无法作出合理的解释。

共生说则无法解释，为何月球目前的成分与地球有如此大的差异，例

探秘太阳系未解之谜

△ 这是1972年美国阿波罗17号宇宙飞船在返回地球途中拍摄的月球照片

如它难以说明：地球是铁多硅少，月球是铁少硅多；地球钛矿很少，月球却很多；月球密度比地球也低得多。

如此看来，月球很可能既不是地球的"夫人"，也不是地球的"女儿"，更不是地球的"姐妹"。1974年，美国天文学家哈特曼和戴维斯提出了一个碰撞分裂假说，认为在45亿年前，原地球受到一个质量与现在火星相当的天体的深度掠碰，于是地壳和地幔的一部分被抛掷出去，撞出的一部分残屑慢慢降回到地球上，另一部分则凝缩成绕地球转动的月球。由于月球是由原地球中低密度的地壳和地幔组成的，因此所形成的月球其密度必然比地球小得多。

从这以后，一些科学家对这一假说进行了改进和完善，从而越来越多地解释了当今月球的特点。于是它成了当今很多人赞同的学说。如果硬要把月球的起源归入到地球的"夫人"、"女儿"和"姐妹"三种模式中的一种的话，那么它只能归入地球的"女儿"这一类中，或者说它是其他天体与地球掠碰所生的"女儿"。

月球的起源问题研究的是四十多亿年前月球怎样诞生，无疑它是一个十分难解的问题，目前还无法彻底解决。但是，随着世界各国科学家的不断探索，这个难解之谜最终一定能被揭开。

月球年龄之谜

自1969年"阿波罗11号"宇宙飞船首次在月球上着陆以来,宇航员已先后带回了800余磅岩石泥土之类的月球物质,给科学家研究月球提供了珍贵的第一手材料。

令科学家惊讶的是,从月球上带回的岩石中大多比地球上的岩石要古老。宇航员在月球表面采到的第一块岩石,至少有36亿年的历史,而其他宇航员带回的月球岩石,已被测定有43亿甚至46亿年的历史,这已相当于太阳系的历史了。而地球上发现的最古老的岩石其形成时间顶多不过39亿年的历史。看来在形成年代上,月球略早于地球,这是无可争议的了。可见,这又否定了上述月球是地球的女儿之说。

20世纪70年代召开的一次月球研讨会上,有一块月球岩石竟被宣称有53亿年的历史,最令人困惑的是,这些竟然被科学家认为是来自月球上的"最年轻"的部分。因此,一些月球研究专家认为,月球是远在太阳系形成之前就已存在了。

那么,月球的年龄究竟有多大呢?看来目前是谁也说不准。

月亮曾是地球的一部分吗

据俄罗斯《真理报》最新报道,最近,俄罗斯科学家利用计算机对远古时期的大量遗迹进行分析,再现了月亮,过去是上万年的变迁结果。研究表明,正如许多神话传说中所说的那样,在很久很久以前天空中本来没有月亮,它是在大洪水之后才出现的。科学家们更提出惊人论断:月球的形成完全是个偶然,它曾是地球的一部分,而这也是为什么月球上有人类建筑遗迹的原因。

一、月亮是大洪水之后才出现的

月亮是在大洪水之后才出现的,这一说法最早是在希腊南部还有非洲部

△ 从地球诞生起月亮就一直陪伴我们吗

落以及其他一些地区流传。但是在这些地方的许多古城中，都曾经发生过潮汐的迹象。而很多人都知道，是月亮导致了潮汐现象的发生。

那么，大洪水前没有月亮的说法似乎是不能成立的。但是俄罗斯科学家认为，会不会有这种可能：当时的确没有月亮，但是有另外一个星体存在，是它起到了月亮的作用呢？还有一些专家更作出大胆假设，在远古时期，天上曾经有2个或者更多月亮，所以并不能排除是其他地球的卫星在"负责"完成潮涨潮落这一"重大使命"的可能。

而据玛雅文明留下的文字资料记载，在当时高悬夜空的并不是月亮，而是金星。也许那时的金星和现在全然不同？而古罗马人也认为，正是因为金星的颜色、大小、形状和运行轨道后来发生了巨大改变，才导致了大洪水的发生。

二、月亮究竟从哪来

许多神话传说中都说，大洪水之后，天空一片漆黑，然后月亮升起来了。

一些科学家相信：月亮并不一直都是地球的卫星。德国天文学家盖斯特科恩认为，月亮的年龄大约只有地球年龄的一半。在他看来，月亮形成之初，它的运行轨道本来离地球相当远。然后，某个太空飞行物——也许是块大陨石也许是彗星——从月球身边很近的地方"擦身而过"，从而改变了月亮的轨道。接下来，月亮就渐渐离地球越来越近，最后被地球强大的引力所"俘获"。

从此之后，月亮就成为地球上水的"主宰"。当月亮接近地球的时候，导致涨潮、火山爆发和地震。海水像开了锅一般汹涌澎湃，掀起的波浪比山还要高，山崩地裂。也许，正是月亮这颗地球的"新卫星"导致了大洪水的爆发。

此外，有许多其他理论解释月亮究竟从何处而来。一种理论甚至说，月亮是由外星人所造。按照这种理论所说，月亮是外星人的基地、太空中转站、如此之类。也有人认为，月亮其实是一个巨大的UFO，只是被外星人伪装成一个冰冷的星球罢了。

三、月亮曾是地球的一部分

而今天，"会不会有陨星将和地球相撞"成为更多人讨论的话题，许多电影、文章、新闻报道都在探讨这个问题。陨星和真正的星体相比要小许多，但是这样的陨星有上百个，而其中也有体积相当大的，大到足以毁灭地球上所有的生命。人们会因此很自然得出这样的结论：一些小的星体其实就是大星球的碎片。因此，有可能陨星是其他星球的一部分。

俄罗斯科学家阿那托里·车恩亚夫认为，这种说法也可以解释月亮的由来。按照他的理论，由于某种原因地球的一个巨大部分和地球分离，但是它无法摆脱地心引力的束缚，最后成为地球的卫星——月亮。当然这种理论目前还无法证实。就算真有人亲眼目睹过这一切，那么他们也在很早以前就死掉了。

四、月球上有生命存在也不足为奇

那么，月球上有任何形式的生命吗，月球表面并不适合居住。也许在月球那层厚厚的土壤下面有某种生物在其中已经悄悄居住了多年？

想象一下，在很久很久以前，如果地球上爆发核战争或者其他大灾难，人类将怎样保护自己继续生存？答案很可能是——在地下挖掩体，住到地下去。这些地下掩体必须很深、很坚固而且非常非常大。现今的科技可以让人类在地下居住几十年乃至上百年。

当然，这并不是说全人类所有人都住到地下去，只是说人类中的一小撮精英分子才能住到地下去。再进一步假设，这样的地下世界完全可以建造在地球的一部分里，然后这一部分脱离了地球，成为月亮。

五、说不清的证据

当然更可能的情况是，月亮上没有生命。如果有的话，月亮就差不多相当于一个空间站了。不过，当年登月的宇航员在月球上倒是看到了一些非常奇怪的东西，比如坦克的痕迹和玻璃碎片，一名宇航员甚至说他看到了UFO。

美国国家航空和航天局NASA为这些物体拍摄了大量照片。这些照片都属于高度机密，但是还是有一些照片被公开，仅仅是这些被公开的照片就已经证明月球绝不是一个荒凉、寒冷的星球。这些照片表明，月球上可能有各种各样的建筑——桥梁、塔、房子以及巨大的拱顶。所有这些都证明，月亮过去可能是地球的一部分。

人类现在可能会在月球上居住吗，它过去真的是地球的一部分吗？它现在的情况怎么样？这些谜都还有待进一步研究。

月球岩石年龄之谜

美国NASA的专家坚持说月球岩石只有46亿年历史,与地球年龄类似。而其他方面的天文专家,天体物理学专家等化验后认为月球岩石的年龄远远大于地球,这就间接证明月球不是起源于地球,也不是和地球同期的太阳系内的产物。二者结论相悖,又针锋相对。

说明月球事实上比地球古老很多,来自遥远的宇宙空间的证据有如下几个方面:

一、科学家中有人认为月球岩石的年龄在70～20亿年。

二、美国NASA曾宣布过月球上确实存在比太阳系和地球古老的10～53亿年的岩石。

三、一位获得过诺贝尔物理奖,同时又是一位研究月球的权威科学家提出,在月球上发现的某种元素比地球上的古老得多,可是他为什么无法解释这种元素是怎样来到月球的。

四、研究月球专家们说年龄在44～46亿年的月球岩石是"月球上年轻岩石"。

五、科学家们根据在月球,岩石标本中发现了大量的氩40,因而得出结论说月球年龄比太阳和地球的年龄大一倍,约为70亿年。

六、月面上的沙砾比月面岩石显然古老10亿年。当宇航员们将第一批月球岩石标本带回到地球供科学家们研究分析时,他们根本没有想到,月球不但比地球古老,而且比太阳系更古老。阿尔·尤贝尔说:"与月球有关的物体古老而又古老……科学家们曾推测月球,当然,不会太古老,所以当面对一个如此古老的天体时,他们没有充分的思想准备。"

在实施"阿波罗计划"过程中从月球带回月球岩石中的99％都比地球上

△ 月球环行山

90％的最老岩石历史更悠久，有的科学家认为在这些月球岩石中有的比太阳还古老。第一位降落在月面静海的宇航员尼尔·阿姆斯特朗信手捡得的月面岩石其历史都在36亿年以上。要知道迄今为止，科学家们在地球上发现的最古老的岩石是35亿年前的东西，这种岩石是在非洲岩缝中发现的。此后科学家们又在格陵兰岛上发现了更古老一些的岩石。这种岩石可能与月面静海的岩石一样古老，是36亿年前的东西。但是历史悠久的月球岩石的发现还仅仅是研究月球历史的开始，在宇航员从月面带回的岩石中有的还是43亿年前形成的，甚至还有45亿年前的。"阿波罗"11号飞船带回的月面土壤标本据信历史已长达46亿年。46亿年就正是太阳系形成的时候，不可思议的是这种月球土壤显然比它周围的岩石还要"年长"1亿年。

以上所述实际包含着更为惊人的事实。科学家们相信月海是月球最新形成的区域，那么月球的年龄比月海当然要古老。用科学记者理查德·路易斯的话来说就是："在地球上认为是最古老的岩石，在月球上却是新的类型。"这不令人吃惊吗？

前苏联的无人月球探测器也获得了与此相同的结论。根据对从月海带回的月球岩石的调查结果，它至少与太阳一样古老，是46亿年前就形成的。

# 月球上的陨石年龄考探

陨石是星系形成的年代标本物。要想能正确判断太阳系诞生时间的关键证明就是陨石（陨石有46亿年的历史），而对月球岩石和土壤的研究表明，月球陨石更古老。对科学家们来说，难以理解的是在月海发现的岩石确实是月球上的新东西。

理查德·路易斯分析说："陨石就是太阳系的'方尖碑'，它们的年龄是46亿年，是由一些极其原始的成分构成的，据悉是太阳系尚处在宇宙尘埃状态时凝聚成的。"如果在月球上发现更古老的陨石，这说明月球曾经不在太阳系待过。

毫无疑问，月球给我们提出一个问题，月球原来并不是我们太阳系家族的成员。在美国NASA，似乎所有的科学家都固执地否定月球比地球和陨石（更不用说太阳系了）的历史更久远。即使我们把更多的资料和证据摆到他们面前，有的科学家还是死死地抱着自己"正统"的观点不放。他们出自什么目的？不得其解。不过如果这些证据显示了另外的含义，即证实"月球——宇宙飞船"假说，那也是自然的事，并不在乎有人是否能够接受。

在实施"阿波罗计划"的初期，美国NASA的科学家们显然说过，月球的年龄是46亿年。与太阳系的年龄大致相当，但是也许比地球要古老。哈洛德·尤里博士也说过，无论我们如何强调地球年龄也是46亿年，这只不过是推测，还没有任何可资援引的证据。尤里博士是一位得出"根据确凿的证据，月球比我们的地球乃至太阳系都更为古老"这一结论的月球研究专家。直至今日，美国NASA都没有接受这种证据，因为它还顽固地坚持46亿年的"定论"。这里的奥妙，令人深思。

地球的第二颗卫星之谜

1846年，Toulouse天文台的负责人——Frederic·Petit宣布他们发现了地球的第二颗卫星。Petit发现这颗卫星的运行轨道是椭圆的，运行周期为2小时44分59秒，它离地球（表面）最远距离为3570千米，最近距离为11.4千米。听到这个发现后，勒威耶抱怨说由于空间距离的阻隔，许多事都无法得到确证。而Petit却义无反顾地致力于对这第二颗地球卫星的研究，并终于在15年后宣布正是这颗小卫星造成了地球的主要卫星——月球的一些特殊的运行情况，可是这一点几乎被所有的天文学家所忽视。要不是法国作家凡尔纳在书中提及，它几乎就被遗忘了。威尔逊山天文台的R·S·Richardson博士，在1952年描述了这颗卫星的运行轨迹：近地点为5010千米，远地点为7480千米，离心率为0.1784。

由于凡尔纳使Petit所发现的第二颗卫星闻名于世，使越来越多的业余天文学家发现这是一个成名的好机会——任何人只要发现这颗卫星，他的名字便会被载入天文学的史册。没有几个主要的天文台从事这地球第二颗卫星的研究，即使有也要暗自进行。而德国的业余爱好者们却在积极地跟踪着那个被他们称为Kleinchen（"一点点"）的天体——虽然他们从未找到它。

W·H·Pickering一直笃信着这样一个理论：如果卫星的轨道离地球的表面距离为320千米，并且它的直径为0.3米，又拥有月球般的反照率，那么它必然可以通过3英寸的天文望远镜观察到。一颗直径为3米的卫星可能成为第五星等的裸眼可见的天体。虽然，Pickering并未寻找Petit所说的天体，他却在进行着寻找第二等卫星——即月球的卫星的工作。可是他没有找到，事后他总结认为月球的卫星的直径小于3米而无法观察到。

Pickering那篇关于一颗极小的卫星存在的可能性的文章：《一颗流星般

△ 地球有第二个天然卫星吗

的卫星》刊登在1922年的《大众天文》上，不想又引起了业余天文爱好者的一阵骚动。主要原因是这篇文章提供了观察上的一些实际的要求："一架3～5英寸的天文望远镜和一个低倍的目镜即可。这无疑对业余爱好者是一次好的机会。"可惜又一次一无所获。

有一种理论认为，向来无法解释的月食运行轨道的偏离是由于这第二颗卫星的重力场引起的。那就意味着这个天体的直径至少应有几千米这么大——但如果存在这样大的一颗卫星，那它早应被古代巴比伦人发现了。即使它十分小，但由于它相对比较近又移动得十分快，也应当是十分明显的，就像我们看到人造卫星与航天飞机一样。可是另一方面，又无人有兴趣去观察过小的天体。

当然还有不少人提出地球的第二颗天然卫星存在的想法。1898年，Georg·Waltemath博士声称他不仅发现了第二颗卫星，还发现了一系列的白矮星。

总有一些观察者不时地报告看到"其他的地球天然卫星"。德国的天文杂志《Die Sterne》报道说名为W·Spill的德国业余天文学家在1926年5月24日观察到这第二颗卫星通过月球。

在1950年左右，当人造地球卫星刚开始被提出时，每个人都预见它只能被分级式火箭送上天，不载任何无线电发射装置，而由在地面的雷达跟踪。如果这样的话，一些近地的小卫星会产生极大干扰，它们会反射雷达发射到人造卫星上的波。但这却提供了人们寻找天然卫星的好方法，Clyde·Tombaugh 发展了这项技术：在离地5000千米高的卫星速率被预测出。一个拍摄站便以这个速度跟踪拍摄。恒星、行星等天体在照片上显现一条直线，但在这一高度的卫星却显示成一点。如果卫星不在这个高度，那么它在照片上表现为一条短小的直线。

Lowell天文台的观测始于1953年，并且真正地探索了一块处女地：除了这个德国天文台外，没有人注意到地球、月球之间的这块空间。到1954年秋，各类享受很高声誉的周刊和日报报道说这个天文台的观测已得到了初步结果：有一颗离地高度为七百千米和一颗离地高度为一千千米的这样两颗卫星。人们普遍地产生这样的疑问："它们是否是天然卫星呢？"没有人知道这些报道源自何处——因为天文台的观测根本没得到什么结果。在1957年和1958年当第一颗人造卫星发射后，其上携带的相机才又继续追踪那些卫星。

但是这并不意味着地球只有一颗天然卫星，地球可能在很短的时间内有一颗近地卫星。流星体飞过地球，穿过上层大气时会损失很大动能而进入围绕地球的卫星轨道。但由于它经过大气上层的每个近地点，它不会维持很长时间，或许只有一或两个周转，也可能达到一百个周转（相当于一百五十小时左右）。一些报告表明这样的"瞬间卫星"曾被看到过，可能当初Petit所看到的便是这样的卫星。

除了"瞬间卫星"这种解释外，还可能有两种可能性：一个可能是月球有自己的卫星—但是尽管经过许多次搜索，都没有发现过；另一种可能是存在着绕月球运行的特洛伊卫星，落后或超月球公转轨道60度。

Krakow天文台的波兰天文学家Kordy·Lewski首先报告了这种"特洛伊

卫星"，他是在1951年开始他的寻找的。他希望能在绕月轨道上找到一颗离月球为60度的大小合适的天体，可是探索一无所获。在1956年，他的同国人、同事Wilko·Wski提出可能存在许多微小的天体，由于太小而不能被单独看见，但却多得合成云状粒子。如果这样的话，最好的观察方式将是用肉眼，而不是通过天文望远镜。用天文望远镜只会"漠视"了它们的存在。Kordy·Lewski博士很愿意试一试，他所需要的是一个无月的晴朗的夜空。

至此长达一个世纪的对于地球第二颗卫星的搜寻似乎已成功了，即使这颗卫星与当初任何人想预计的都不同，它们十分难找。

但仍有人认为还存在另一些天然地球卫星。在1966年至1969年间，美国科学家John·Bargby声称他观察到至少十颗小到只能通过天文望远镜才观察到的地球天然卫星。Bargby发现了这些天体的椭圆轨道：离心率为0.498，半主轴长14065千米，远地点高度14700千米，近地点高度680千米。Bargby认为它们是在1955年破裂的天体的碎块。他得到的这些结论大都是建立在不稳定的人造地球卫星的基础上的。Bargby运用人造地球卫星所提供的资料，却没有意识到这些数据只是一些近似值，甚至有时是错误的，因此根本不能应用于精确的科学分析。另外，根据Bargby的观察结果，当他所说的卫星经过近地点时，应为可见的一等星，应该轻易地就被肉眼观察到，可是却从没有人看到类似的天体。

1997年，Paul·Wiegert等人发现了小行星3753有一个很奇怪的轨道，似乎是地球的一颗伴星，可是它并不围绕地球运动。

探秘太阳系未解之谜

月球上发现水了吗

1996年，美国的一些科学家在分析1994年发射的"克莱门汀1号"探测器所拍摄的月面照片时，突然有了新发现：月球南极有冰湖！

这是令人难以相信的事实。在20世纪60～70年代，美国先后发射了6艘"阿波罗"载人登月飞船和其他数十个无人月球探测器，都没有发现过月球上冰水的痕迹。再说这次"克莱门汀1号"所拍摄的1500张月球南极照片中，只有1张被认为是月球冰湖的照片。因此有人怀疑，金属含量较高的岩石也有可能产生与水的反射图像相同的雷达照片。

于是，1998年1月6日，美国又派出"月球勘探者号"探测器，专门去寻找月球的水资源。探测器携带了更先进的找水仪器，叫"中子光谱仪"。它对氢原子非常敏感，可以探测到月面水分子中的氢原子。仪器的灵敏度相当于可以在1立方米的月球土壤中探测出一杯水的含量。

"功夫不负有心人"。经过"月球勘探者号"探测器对月表面做了7星期的扫描后发现，月球南北两极陨石坑（也称盆地）底部的土质很松，里面有大量的氢，并表明土下面有冰碴，而北极的冰相当于南极的两倍。经过研究分析，在当年3月5日，美国航天局向全球发布了一条振奋人心的消息：美国发射的"月球勘探者号"探测器发现月球两极存在大量冰态水，其储量约0.1～3亿吨，分布在月球北极近5万平方千米和南极近2万平方千米的范围内。

几十年前就有科学家提出，月球南极的大谷地中可能有上十亿吨的冰。这些冰的一部分是被阳光蒸发的月球水的残留物，另一大部分是来自坠落在月球上的彗星。那么为什么过去那么多次的探月都没有发现呢？

一些学者解释说，月面大气压力不到地球大气压的一万亿分之一；在月球上阳光射到的地方，月面的温度可达到130～150℃。因此，对于沸点远低

△ 月球迄今为至还是一片荒凉

于100℃的月球液态水来说，很容易沸腾蒸发。再一点是月球质量小，引力薄弱，根本无力缚住水蒸气，致使月球上气态水逃逸殆尽，不留踪迹。

然而，月球的两极非常特殊。就拿月球南极来说，有一个叫艾物肯盆地，被认为是陨石撞击形成的。它的直径有2500千米，深约13千米，黑暗幽深，终日不见阳光，温度一直保持在-230℃以下，因而可成为固态水——冰的藏身之地。

月球有遭受彗星之类小天体碰撞的经历，而彗星的含水量在30~80%左右，彗星中水蒸气含水量则高达90%。所以科学家认为，月球上水的来源之一是彗星撞击的结果。

据天文物理学家推断，月球两极隐蔽的火山口和盆地也许从月球诞生的初期就没有受过太阳的照射，像冰箱里的水汽在冷冻室里凝结成霜一样，月球上的水分在阳光照射下蒸发，然后又都在这些寒冷阴暗的火山口和盆地凝结起来。碰撞月球的彗星和水行星碎片也会给月面带来水分，它们最终都凝结在月球南北极。由于过去探测月球都是在月球赤道附近，因此对月球两极很少了解，极冰之谜一直未揭开。

为求证月球是否有水，美国科学家高德斯坦提出了用月球勘探者"暴力寻冰"的建议。因此，美国宇航局选择在1999年7月31日月球勘探省寿命走到尽头这一天，用它来撞击月球南极的一个陨石坑。当重达160千克的探测器以每小时6000多千米的速度撞进3.2千米深的月球陨石坑时，如果冰层确实被压在冰土里，这撞击力足以释出一团水蒸气。但遗憾的是，探测器已准确击中目标，并没有探测到任何预期可见的水蒸气云雾。据说美国科学家还在利用哈勃望远镜等仪器进行详细观测,分析结果还需等待几个月。

水是生命之泉。月球上发现了水,人们就问:会不会有生命存在呢?即使原先没有任何生命痕迹的星球,也可以从宇宙空间别的星球带来。这里有一个有趣的故事,对月球上生命之谜也是一个探索的例证。

1967年4月,一架名叫"勘测者3号"的无人驾驶飞船在月球表面软着陆了。它是为即将登月的宇航员们探路的,完成任务之后,电源也用完了,它就成为一件"历史文物",默默地用三条腿站在月球上。

三年之后的1970年11月19日,一个登月舱降落在离它183米的地方。舱内走出第二批登月的宇航员康拉德和比恩,他们登月的任务之一就是拜访这个寂寞的"勘探者3号"。于是,他们剪断电缆,拆下了"勘探者3号"上的摄像机,还取走了另外三个零部件,一起带回了地球。

令人惊奇的事情发生了。那架摄像机被带回休斯敦几个月后,一位微生物学家从垫在摄像机电路系统内的一小块聚氨基甲酸酯泡沫塑料中成功地培养出了一批细菌。这批细菌和人类气管中找到的微生物属于同一类型,所以它们不是一种陌生的生物。因摄像机的外壳隔开了宇航员,他们不会沾染这块泡沫塑料。因此,科学家认为,细菌是在地球上孳生的,在一个本来不利的环境里,由于摄像机的保护,竟能生存1000多天。

由此可以得出结论,是摄像机的金属外壳保护了这些细菌,那么一块陨石就更能保护它内部的小生命体了。所以某种微生物穿过星际空间来到地球或另外的星球是完全可能的。一旦遇到适当环境,就会大肆繁殖起来。

月球上到底有没有生命,或者过去是否存在过生命?现在还没人能确切回答这个问题。

月球上的智能动物之谜

美国宇宙飞船月球轨道2号在静海（月球上的平原）上空49千米高度拍摄到月面上有方尖石。美国科学专栏作家桑德森指出："（这些）方尖石底座的宽度为15米，高为12～22米，甚至有可能达到40米。"法国亚历山大·阿勃拉莫夫博士对这些方尖石的分布做了详细的研究。他计算了方尖的角度，指出石头的布局是一个"埃及的三角形"。他认为，这些东西在月球表面的分布很像开罗附近吉泽金字塔形的分布……方尖石上许多"侵蚀"产生的几何图形线条，不可能都是"自然界"的产物，在静海的方尖石照片上人们发现了极其正规的长方形图案。

"阿波罗"11号在执行计划期间，阿姆斯特朗在回答休斯敦指挥中心的问题时吃惊地说："这些东西大得惊人！天哪！简直难以置信。我要告诉你们，那里有其他的宇宙飞船，它们排列在火山口的另一侧，它们在月球上，它们在注视着我们……"到此无线电播音突然中断，美国地面无线电爱好者也只抄报到这里。那么，阿姆斯特朗看见了什么呢？美国宇航局再没有解释。

"阿波罗"15号飞行期间，斯科特和欧文再度踏上月球的土壤。在地球上的沃登十分吃惊地听到（录音机同时录到）一个很长的哨声，随着声调的变化，传出了20个字组成的一句重复多次的话，这陌生的发自月球的语言切断了同休斯敦的一切通讯联系。此事至今还是一个未解开的谜。宇航员柯林斯曾独自在月球轨道上飞行，他见到的一些月面痕迹使他大为吃惊。迄今为止，没有做出解释。

纽约市居民读到那些新闻，无不大感惊异。《纽约太阳报》报道：英国天文学家赫谢尔爵士发现月球上的确有生物。

探秘太阳系未解之谜

△ 月球上有智能动物吗

该报报道，赫谢尔使用一架放大能力为42000倍的大型望远镜观察月球，极其清晰地认出多种动植物：仅在月球一角，就看到38种森林树木、七十多种其他植物和16种动物，其中包括状如驯鹿的小兽、驼鹿、麋、长角的熊、无尾的两足海獭。

《纽约太阳报》每天都刊载新的发现。记者洛克根据赫谢尔在权威的《爱丁堡科学学报》上发表的报告，为惊奇不已的读者天天报道月球上的景象：有二十多米高的紫水晶、大片大片的罂粟田、一座蓝宝石砌成的宏伟庙宇、一群群的水牛等等。水牛眼睛上长着肉帘，帮助眼睛适应交替的光和黑夜。

更加引起读者兴趣的，自然是发现了月球居民。他们的样子又像人又像兽：高约4尺，全身长满有光泽的紫铜色毛，脸部稍黄，从脸色看来相当聪明。背部有翅会飞，说话时手舞足蹈，在湖里洗澡。

这些文章轰动一时，《纽约太阳报》销量激增。在此之前，它的销量本来一直下降，这时一跃成为纽约市销量最大的日报。全美国甚至欧洲的报章都转载该报的文章。《纽约太阳报》把文章印成小册子，发行6万份，一销而空。

最令人感到意外的是，洛克的独家新闻竟然是一派胡言。洛克为了扭转《纽约太阳报》销量不断下降的趋势，捏造了整个故事。赫谢尔在开普敦主持的天文台确有一架放大能力不小的望远镜，只是在洛克笔下，体积比实际大了10倍，放大倍数更大了几千倍。《爱丁堡科学学报》这份刊物也是有的，不过已在两年前停刊了。除此之外，一切都是虚构的，只是洛克文笔极好，引用科学资料又恰到好处，令人信以为真。

当然，并非人人都轻易上当，美国天文学界就十分怀疑。某天，耶鲁大学的科学家代表团突然找到报馆，要求看看赫谢尔的原文。

洛克施展诡计，推说那些报告在印刷厂里。科学家满腹狐疑，不肯罢休，逼着洛克说出印刷厂的名字和地址，随即赶往印刷厂。

洛克想尽办法，总算在科学家赶到前找到印刷厂老板，说服他欺骗科学家，推说那些文章刚送到别处了。就这样他抄小路走捷径，赶在科学家之前找到他的印刷厂朋友，编造一些谎言，让科学家再找别家印刷厂，到处奔波，徒劳无功。

在今天看来，这样的骗术也能得逞，实在有点不可思议，可是那时通讯事业不发达，没有飞机、电话或电视，骗局要好久才会败露。大概过了两三个月，赫谢尔才听到有关自己"惊人发现"这回事，出来澄清真相。事情败露后，洛克自然无地自容，被迫辞去在《纽约太阳报》的职务。

纽约市的居民很快又会在其他报上看到不同的故事，大概总不会轻易忘记这次有关月球的天方夜谭吧。

探秘太阳系未解之谜

美丽的"月宫"之谜

皓月当空,人们一眼就能看出月面的下部显得格外明亮,月面南部的陆地与月面的月海区形成了鲜明的对比。这是因为月陆主要是由斜长岩组成,对阳光的反射率较高。通过天文望远镜观察,会发现这里密布着大大小小的环形山,给人以千疮百孔之感,是典型的月面山区。

月球面南纬30°以南的月陆基本上连成了一片。这块陆地的地形是从东西边缘和中央区向赤道伸展,构成一个"山"字形。在这片广阔的陆区也分布着两个月海,这就是以南纬约50°和东经约80°为中心的南海(月面的右下方)。与此相对称的另一边,即以南纬约50°和西经约50°为中心点的一片月海(月面的左下方),它是从湿海引申而来,没有赋予专门的名称。这两个月海面积小,又在明亮的月陆包围中,显得很不起眼。月海区的地形地势有形形色色的湖、湾、沼、岛和半岛等特征。月陆的地形地势自然有高地、峭壁、山脊、山链和隆起带等特征。月球南部陆地是环形山最密集的区域,真是密密麻麻、重重叠叠,尤以莫罗利卡斯环形山周围最为显著。一般说来,环形山的周壁高度在300~7000米之间,而环形山的直径相差甚大。直径在百千米左右的大环形山周壁有如群山环绕的盆地。直径在几十千米的环形山一般都比较高和深,有的深达几千米,宛如洞穴深渊。直径在几十米以下的环形山周壁不高,但到处皆是。有人把月面南部山区比作神秘之宫,小环形山则像是宫中的点缀物。

月球上著名的环形山有:

第谷环形山,是以丹麦的天文学家第谷(1546~1601)的名字命名的。位于月面西经11°,南纬43°,直径85000米,环壁高4850米,中央丘高1600米。它的结构复杂,并显现出年轻环形山挺拔峻峭的风姿。以满月时可从地

△ 月球上的环形山

球上看到最多最长的辐射线而著称。辐射线从环形山中心呈弧形向外延伸，最长的可达1800多千米，共有12条。辐射线贯穿整个南部陆地，叠加在许多环形山之上，有的甚至伸展到酒海、静海、云海、知海和风暴洋，饶有特色，蔚为壮观，肉眼可以直接看到。按月面演化史来分类，第谷环形山属于哥白尼纪，也就是与哥白尼环形山的年龄差不多。这类环形山的特点是：环形山的周壁形态比较完整；有明显的辐射线；岩石的反射率较高；属于年轻型的环形山。月面学家认为，它们是在现的。第谷环形山一直吸引着天文学家、地质学家和广大天文爱好者的注意。1968年1月7日，美国发射的"勘测者7号"月球探测器就降落在第谷环形山北侧不远的地方（西经11.44°，南纬40.89°），这是人类发射的探测器降落在月球上最南方的一个。它对月壤进行了分析，还拍下了2万多张月球照片，其中拍下了第谷环形山一些辐射线的照片，从照片上可以看出辐射线上聚集着许多小环形山。

　　克拉维环形山：这是以德国的数学家和天文学家克拉维（1537～1612）的名字命名的。它位于月面西经14°，南纬58°，直径约240千米，环壁严重坍塌，很像盆地周围的丘陵。在它的底部和环壁上还有很多环形山，其中环壁上两个较大的环形山，一个叫波特环形山，直径约为52千米，另一个叫卢瑟福环形山，直径约为54千米。可以想象，这里的地形和地势是多么错综复杂，恐怕在地球上是难以找到这类难以认清的重叠的地貌结构。克拉维环形山不仅以其大而闻名，更以它身经亿万年的老态龙钟被月质学家们所选中，树它为老环形山的代表。它的特点是：面积大，环壁坍塌，失去当年原始面貌；底部平坦，没有中央丘；重叠着很多后生的环形山。

贝利环形山：是以法国天文学家贝利（1736～1793）的名字命名的环形山。它位于月面西经60°，南纬67°，直径约64千米，据说它可能是月球上的一些环形山中比较高的。这是以意大利数学家莫罗利卡斯的名字命名，它的位置在月面东经14°，南纬42°，直径114千米，环壁高达4730米。

由于月球自转轴不垂直于它的轨道面，月球赤道与轨道面有6°41′的夹角。同时月球在公转中，自转轴指向基本不变，这样就产生了月球两极倾向地球的角度发生变化。这种现象就叫做月球的纬天平动，最大变化为6°41′，变化周期为一个交点月。对于天文爱好者来说，只要经常仔细地观察月面，就会发现这种有趣的月轮变化。如果能进行天体摄影，可以从中测量这种变化的角度，了解并确定月面南极附近部分区域时隐时现的可见程度。南极点虽然无法直接观察到，但我们提供南极点附近的几个目标，帮助判断南极点：在南极点之东约3°的地方有一个叫德里加尔斯基环形山，直径约176千米，西经90°线正好穿过它。我们关于月球南极陆地的特征的了解，远不如我们对月球赤道区域了解得多，还有待于人们进一步的认识。

月球轰炸机之谜

据前苏联一位首席航天专家斯坦诺夫·麦杰维耶夫博士说,他们发射到月球的一颗人造地球卫星,从那里拍摄回来的一批照片显示,一架属于美国空军的第二次世界大战时的重型轰炸机就停放在月球的一个火山口中,而它表面虽然有部分被太空坠落的陨石毁坏,但大部分仍然完整。

他又补充说,该机机翼和机身上的美国空军标志,经放大后皆清晰可见,照片还显示出整架飞机表面布满了一层绿色物体——好像它刚从海底打捞出来,机身长满了青苔。

"我们不明白这是怎么回事,而我们也相信美国方面也和我们一样,无法解释这件事。"这位专家说:"我们只能推测这架飞机可能被外星人劫持,将它送到了月球上去。但我们永远也不知道那架飞机为何在那里,以及怎样到了那里。"

就凭这点迹象,善于联想的瑞士飞碟协会主席威廉·格达甚至推测说:它极可能与百慕大魔鬼三角海域的飞机、船只神秘失踪有关。言下之意,他们几乎表示同意麦杰维耶夫博士的见解:我们只能推测这架飞机可能是被外星人劫持,将它送到了月球上。而最令人惊奇的是,据麦杰维耶夫博士说,一年以后,这架在第二次世界大战中使用过的美国飞机又神不知鬼不觉地消失得无影无踪。有人因此神乎其神地解释说:这是因为苏美联合组成调查小组的消息被外星人获悉,他们抢先把飞机坚壁清野,保护起来了。真的如此吗?谁也说不清。

对于这张前苏联卫星照片,美国官方拒绝作出评述。其中一位官员指出,在月球上发现美国飞机一说是"荒谬无稽"。但麦杰维耶夫却坚称,那些卫星拍回来的高密度照片完全是真的,飞机的位置就在月球一处仍未被探测到的地方。

探秘太阳系未解之谜

月面"金字塔"之谜

20世纪60年代初,前苏联人在月面发现了金字塔状物,这件事对美国有关当局来说在某种意义上是一个冲击。然而1966年11月20日美国的"月球轨道环行器"2号在执行月面探测计划时,也发现了月面上的塔状物,地点就是人类在月面首次留下脚印的静海。当时这艘探测器正从距高月面47千米处进行拍摄。从照片上可见,那些塔状物有点儿像陈列在美国纽约中央公园的"克娄巴特拉之针",可以说它们像埃及的方尖碑,也像华盛顿纪念碑。

科学家们分析了这些照片后得出结论说,这些塔状物高度在12~23米。而据前苏联科学家估计,这些塔状物比美国科学家计算的结果高出3倍,其高度相当于地球上一座15层的大厦。原在美国航空航天局供职、现在史密森尼安研究所积极从事科学研究工作的地质学家法尔克·埃尔·巴斯博士说,这些塔状物与地球上任何建筑物相比都要高得多。不过,比塔状物的高度和尺寸更重要的是它所处的位置。

美国波音飞机公司科学研究所的生物工程学博士威廉·布莱亚认为,这些塔状物是按照几何学法则排列的。这位考古学、自然人类学及遗传工程学方面的权威强调说:"如果这些突起物(塔状物)确实是基于地质学的理由建立起来的话,那么它们就会零落分散。而不是整齐排列。但是根据测量结果,将它们置于x、y、z三维坐标系中构成立体形状时,便明确无误地显示了它们的存在。也就是说,它的两条底边和三个顶点构成了等腰三角形、等边三角形和直角三角形。"

美国《洛杉矶时报》(1966年2月26日)刊登了布莱亚博士运用几何学分析和显示的这些塔状物的位置关系图,他是根据"月球轨道环行器"2号拍摄的照片拟出这张草图的。布莱亚博士确信:"这7座塔状物绝不是漫不经心之

△ 月球上真的有金字塔吗

作！"因为在《洛杉矶时报》一刊出的右侧鸟瞰图上，塔状物的3个顶点和两条底边构成了6个等腰三角形，这样的东西当然不可能是自然形成的，更何况在这些塔状物的两边正好有一块长方形的洼地。

布莱亚博士证明说："仔细观察这些塔状物的阴影部分后可知，那里构成了4个90°的角，很像是建有建筑物的地基。"他认为有必要就这些建筑物进行更透彻的研究。因为在地球上要是有了类似的发现的话，考古学家们为了更深入地调查，会在该地进行发掘研究。这位人类学权威不无遗憾地说，如果我们用同样的方式来对待地球上的建筑物的话，玛雅文明和阿兹特克文明就肯定不会直到今天仍沉睡在莽莽丛林之中了。

布莱亚博士得出了如下的结论："如果那些古代文物原来在哪里仍待在哪里的话，那么由考古学的发掘研究进展而来的地球物理学，到今天也不会有什么起色，我们所知的人类在物理方面的进化注定仍是迷雾一团。"

不过，科学家们未必与布莱亚博士持同样看法。也在美国波音飞机公司科学研究所供职的理查德·肖特希尔博士认为："一模一样的岩石在月面上俯拾皆是，随便翻几张月面照片就能看到，难道不能从中找出几个形状相近的吗？"这番话概括了肖特希尔博士对塔状物的见解。也就是说，这些针形突起物是自然形成的也罢，是充满奥秘的建筑物也罢，这些明显具有几何学特征的物体数量随着科学家对月面观测范围的扩大而激增。

前苏联空间工程学家亚历山大·阿布拉莫夫在研究过"月球轨道环行器"2号拍摄的照片后,也得出了与布莱亚博士相同的结论,即这些建筑物(塔状物)是按照几何学法则排列的。不过阿布拉莫夫也指出,这些塔状物的排列方式总在发生很显著的变化。他计算了这些塔状物的建造角度,运用几何学原理进行了分析,结果令人惊奇——这些塔状物与人们所知的"埃及三角"的排列方式完全一样。月面上的据信是人工所建的建筑物竟然与地球上的考古学家和历史学家熟知的"埃及三角"构形相同,这难道是偶然的吗?

阿布拉莫夫说:"如果对这些月面物体进行分类的话,事实上它们与开罗郊外吉萨的胡夫、哈夫拉、奇阿普斯等埃及法老的大金字塔群何其相似!"如果以月面阿巴卡地区的塔状物为中心的话,那么它们的排列与埃及三大金字塔的顶点的排列就毫无差别了。

如果情况正如伊万·桑达森博士的报告所言,假定阿布拉莫夫的计算是准确无误的,那么这不正可以引为月面上存在智慧生物的证据吗?难道我们就不能认为在地球上也会遗留下同样的智慧生物吗(或者有这种智慧生物存在过的迹象)?遗憾的是,今天我们还不能得出令人信服的答案。

这里还有一个关键问题,那就是证明这些月面建筑物不是自然形成的,而是智慧生物建造的。法尔克·埃尔·巴斯博士说:"根据几座塔状物在月面上的投影计算,它们比地球上的任何建筑物都要高,也比其他塔状物要高,似鹤立鸡群(一般而言,它们比地球上最高的建筑物要高2~3倍左右)。"他强调指出:"这些塔状物的颜色要比它们周围的月面的颜色明快得多,它们是用其他物质构成的,而不是月面上的物质。"

美国和前苏联某些权威宇宙科学家不约而同地得出了一致的结论。就这件事而言,我们难道不能说,他们已经掌握了月面上存在智慧生物的确切证据吗?如果我们相信前苏联科学院两位科学家所言为真的话,那么他们曾说过,有大量证据表明从以往的漫长岁月到今天,智慧生物一直生存于月球内部。如果确有此事的话,那么月球不就可以说是一艘被操纵了若干亿年的巨

△ 月球上真的有金字塔吗

型宇宙飞船吗，美国航空航天局掩盖了"月球轨道环行器2号"的发现吗？

前面提到的罗森布朗先生过去曾会见过一位受雇于美国航空航天局、负责宇航中心设计的科学家。罗森布朗说："那个人曾对我说，'月球轨道环行器2号拍摄的照片被波音飞机公司透露给报章并被刊登出来，是第一次也是最后一次。'令人难以置信的是，他在美国航空航天局工作期间根本接触不到与月球有关的资料。如果在月面上发现了这些塔状物的话，那么任何人都会将其视为空间探测计划中最重要的发现，然而美国航空航天局却对这些发现秘而不宣。是准备深入研究吗？难道就没有被掩盖起来的发现吗？也许美国航空航天局认为有必要由他们自己来进行研究。"罗森布朗的结论向着事实真相大大跨进了一步。

关于美国航空航天局是否掩盖事实，我们不能确认。事实上，1966年11月22日，美国航空航天局发表了上述塔状物的照片，同时又声明不能做出任何解释。几乎所有的宣传媒介都报道了这一"事件"，但是美国国家通信局和空间局等权威方面对此始终默不作声。

《华盛顿邮报》和《洛杉矶时报》都刊登了与这些照片有关的明确的"解释"。《华盛顿邮报》当时用如下的说明刊登了"月球轨道环行器2号"拍摄的照片："'月球轨道环行器2号'拍摄到六座不可思议的雕像的投影。"《华盛顿邮报》记者托马斯·奥多尔在说明中特别指出，这些照片确实拍下了六座建筑物的投影,而过去,美国的月球探测器从未在照片上拍到月面上有如此奇妙的东西。一位科学家描述这些针形投影时说:"看上去就像一棵棵圣诞树。"有的科学家称那是"妖魔之城"。一位科学家由于过于激动,随即给发现这些塔状物的地点起了一个名字——"纪念碑谷地"。美国航空航天局对这些投影一直闪烁其词,回避作出评论,不过奥多尔写道:"最大的塔状物类似华盛顿纪念碑大小,最小的则像一棵圣诞树。"美国《纽约时报》就这些奇妙的影像和建造这些塔状物的"东西",做了实际上比较保守的报道。

1966年11月24日,美国地质测量部的索尔·卡尔斯特朗博士在该报发表了如下看法:"拍摄到的影像本身相距并没有那么近。"据卡尔斯特朗博士说,由于当时太阳在月球地平线以上11°的位置,所以投影比实物要显得长。他认为塔状物的形态是十分耐人寻味的。他还否定了这种说法,即那些物体无一例外都呈塔状。在这些塔状物的照片中,有两座塔状物要比其他的高得多、宽得多,与其说它们是尖塔,不如说是两块"矮胖"的岩石。

正如在前面提到的,其他科学家的意见与卡尔斯特朗相左。对这些照片进行了缜密研究的前苏联科学家一般都证明那是些塔状物,而且认为它们的高度比热情有加的美国科学家的计算结果要高得多。事实表明,这些物体的位置关系比其"塔状"更能证明它们不是自然形成的。

由"月球轨道环行器2号"发现的这些智慧生物的建筑物在月面的静海,人类首次立足月球就是在这里,这是一个偶然的巧合吗?美国航空航天局过去不会不知道发现了月面建筑物这件事。"月球轨道环行器2号"拍摄到这些塔状物是在1966年,比"阿波罗"登月计划实施要早得多。美国航空航天局向公众声明,它并不知道这些塔状物是自然形成的,还是智慧生物建造的。美国航空航天局对此一直含糊其辞,可是又认为有必要进行研究。那么为什么它不肯公开当时发现的东西呢?

月球背面有些什么

月球是地球的唯一卫星,由于月球绕轴自转的周期与绕地球公转的周期相同,都是27.3天,所以几十亿年来,它总是以同一面对着地球,人们只能看到月貌的59%,它的背面形态如何就成为人类文明史上的千古之谜。直到1959年10月,前苏联的"月球3号"探测器拍得了月背的第一批照片,人类才能窥视其容颜。以前天文学家认为月球背面应和正面差不多,也有很多陨石坑和熔岩海。但是,宇宙飞船照片却显示大为不同,月球背面竟然相当崎岖不平,绝大多数是小陨石坑和山脉,只有很少的熔岩海。此种差异性,科学家无法作出解答。

但是随着观测的深入,今天的月背之谜比过去更多,更复杂了。这主要是月背与月球正面的显著差异,令人感到迷惑不解。

月球背面与正面的最大差异是它的大陆性。在总共30个左右月球"海洋"和"湖"、"沼"、"湾"等凹陷结构中,90%以上都在正面,约占正半球面积的一半。月背上完整的"海"只有2个,仅占背半球面积的不足10%,月背其余90%多的地方都是山地,山地的分布呈现出几个巨大的同心圆结构,地形严重凹凸不平,起伏悬殊,这种地势是正面所没有的。

另一怪事是月球的最长半径和最短半径都在月背。一般天文学书上说月球直径3万6千米或半径1738千米,都是指平均值。实际上,月球半径最大处比平均半径长4千米,最小处比平均半径短5千米,而且都在月背。

理论上说,月球是太空中自然星体,不管哪一面受到太空中的陨石撞击的概率应该都相同,怎会有内外之分呢,月球为何永远以同一面向着地球呢?科学家的说法是它以16.56千米/小时的速度自转,另一方面也在绕着地球公转,它自转一周的时间正好和公转一周的时间相同,所以月球永远以一

探秘太阳系未解之谜

面向着地球。太阳系其他行星的卫星都没有这种情形。为何月球"正好"如此，这又是一种巧合中的巧合吗，难道除了巧合之外，不能找一些其他的解释吗？

月球正、背之差的又一表现是月瘤都集中在正面。月瘤也叫月质量瘤，是月球表面重力比较大的地方，据科学家们估计，在这些地方的月面以下集中着比较多的高密度物

△ 月球背面

质。此外，月球上还有些地方重力分布小于正常值。奇怪的是，月瘤所在的正异常区和重力偏小的反异常区都在正面，而且发现了多处，月背上却一处也没有。

为什么会造成月球正面与背面这些显著的差异呢？科学界有种种不同见解。有人认为，当地球运转到太阳与月亮之间，月亮上便发生了日全食（在地球上却是月全食），日全食会形成月正面巨大温差，一次又一次温度骤变造成了正背面的差别。有人认为，是地球吸引月球而使月球发生像潮水涨落那样的现象，即"固体潮"造成了正背面的差别。但这些解释都不大令人信服。多数人认为，应该从月球自身的结构和运动来解释月背之谜，但是今天还没有一个好的解释。

月球废墟之谜

外星球上到底有没有生命存在？如果我们得知一个外星文明此刻正悄然在我们的眼皮底下——譬如月球上默默发展和繁衍，我们是否会感到十分震惊？2004年7月，据俄罗斯《真理报》披露，美国官方无意间公布的新闻简报和无数卫星照片都显示，月球上的确存在着一个不明的外星文明，只不过因为不清楚这个惊人发现会对人类现存的社会法则造成怎样的冲击和影响，该惊人消息还没来得及向公众宣布，便立刻被美国国家航空和宇宙航行局（NASA）当做绝对机密封存。

据俄媒体透露，早在1996年3月21日，美国华盛顿国家新闻署就发表过一份含糊其辞、欲说还休的简报，该简报中，参与探测火星和月球的美国宇航局的科学家和工程师们汇报了他们的一些研究结果。科学家们称，他们在月球上发现了一些不明的物体——谈到这些不明物体时，科学家的用词字斟句酌、非常谨慎，尽量避免谈到UFO、外星人等。尽管他们也提到月球上的这些不明物体可能是外星人造的，但是又声称不敢确定，称他们目前仍在对该现象进行深入研究，最终研究结果将于不久后公布。然而随着时间的流逝，这"不久后公布"却一下子成了"永远不公布"，关于月球上不明物体的研究再无下文。然而，从这份措辞谨慎的简报里仍不难看出——这是科学家第一次正式宣称他们在月球上发现了一些不明的（外星人造的）建筑或物体。

同时，此前由阿波罗号和美苏太空站传回来的上千幅月球照片和视频资料，也向科学家们揭示月球上的确有某种不明文明活动的痕迹。在美国华盛顿国家新闻署1996年的简报里，科学家们就提到了不少作为证据的月球照片和视频资料的名称、代号。然而，这些上面有着不明人造建筑和物体的月球照片，美国宇航局却从来没有向公众展示过，甚至人们从来就没有听说过有这些照片。

照片上，月球表面的城市废墟绵延长达几千米。大面积地基上的巨大圆穹形建筑遗迹、数不清的地穴遗迹以及其他一些不明建筑使得科学家们不得不重新考虑此前他们对月球的认识。由于月球表面上一些像是废墟的物体或互相联合在一起，或呈现几何形构造，科学家们认为它们不可能是自然的地质现象。在哈德利大裂缝的上部，距阿波罗15号降落地点不远，科学家们就发现了一座像是被D形墙壁包围的建筑。到现在，不同的人造物体在月球上44个区域被发现，美国宇航局戈达德太空飞行中心和休斯敦行星协会的专家们目前正在研究这些地区。

研究者们尤其对那些像是城市废墟的建筑遗迹感兴趣。宇航员们拍摄的照片上显示了一些非常正规的正方形或矩形建筑，宇航员们从月球上空5到8千米的高处看下去，它们像极了地球上的城市。

一位美国科学家评论这些照片道："我们的宇航员们拍摄到了月球上这些罕见的城市遗迹、透明的金字塔、圆穹形建筑以及一些只有上帝才知道是什么的玩意，然而所有这些照片都被美国宇航局深锁进了保险柜里。科学家和地质学家们怎么来看照片上的这些不明物体？据我所知，他们称那些东西绝非自然形成的，而是外星人造的，尤其是金字塔形建筑和圆穹形建筑。

人们常常谈论外星人，事实上一个外星文明正不可想象地距我们如此之近！只是我们从心理上根本没准备好接受这个爆炸性的信息，即使到现在，也有些人根本不相信这是真的。

月球上能看到长城吗

我们经常看到这样一道问答题:"宇航员从月球上用肉眼能看到人类最大的建筑物是什么?"答案是:"中国长城。"

关于从月球上能看到长城的说法流传十分广泛。据说1969年7月20日人类首次登上月球,美国"阿波罗11号"飞船的3名宇航员阿姆斯特朗、阿尔德林、科林斯说,他们从月球上用肉眼能看到的人类最大建筑物是长城。

"阿波罗12号"的宇航员艾伦·比恩在1969年11月19日踏上了月球表面,"从月球上看到的地球只是一个美丽的球体,因为云彩的关系,这个球体的大部分是白色的,有一点蓝和黄,还有绿色的斑点,那是植物。人造的东西不但在那个高度看不见,其实在离开地球几千米之后就已经不见了。"

万里长城是古代中国劳动人民的伟大创造,是中华民族精神的象征,是中国人的骄傲。但是,人类从月球上真能用肉眼直接看到长城吗?专家从科学的角度进行论证,认为这种说法不科学,是宇航员一种错觉,一种猜测,不足为信。为什么会得出这种令人失望的结论呢?

月球到地球的距离为384000千米,而我国的万里长城一般宽度仅10米,而且实际情况长城大部分段落小于10米宽。两者的比值为384000000∶10,等于38400000倍。

一根头发的直径约为0.07毫米,而它的38400000倍是2688米。如果要从月球上看到长城,相当于在2688米以外去看一根头发丝一样,这是任何人的肉眼绝对看不到的。

同时,人类从卫星上拍摄地球表面的照片(除非是遥感扫描影像),大多数时间地球被厚厚的云团所覆盖,就是方圆几万平方千米的特大城市都难以寻找,更不用说能看到长城了。

探秘太阳系未解之谜

许多人都看见过月食现象，月食有月偏食和月全食两种。月全食现象十分美丽动人。本来高悬在天庭的一轮皓月慢慢地被一个黑影遮挡而变得越来越小，最后完全消失在黑暗的苍穹中。正当你为此叹惜的时候，你会发现刚刚消失了的月亮又以另外一种平常见不到的铜红色的面貌出现在你的面前，令你惊叹不已。那么你是否知道为什么会发生月食现象以及月全食时月亮变成红色的吗？

月球是地球的卫星，月球围绕着地球运转。地球是行星，地球又带着月球一起围绕着太阳运转。随着地球和月球不停的运转，地球、月球和太阳之间的位置永不停息地变化着。太阳是恒星，发出强烈的光。地球和月球都不发光，地球和月球向着太阳的一面被照亮了，而它们背着太阳的一面却不仅是黑暗的，而且还拖着一条长长的黑影子，就像我们看到地球上所有的物体被阳光或灯光照亮时，都会有一个黑影一样。当地球运动到月球和太阳中间时，月球进入地球的黑影中，地球上的人们就会看到月食现象。当整个月球进入地球黑影中时，是月全食，月球一部分进入地球影子中时，是月偏食。

留意过月食现象的人都知道，月食现象一定发生在满月的时候，即农历的十五或十六。其中的原因很容易理解，因为只有满月的时候，地球才处于月球和太阳之间。然而，又不是每个满月的时候都会发生月食现象，这又是为什么呢？

原来，月球绕地球旋转的轨道与地球绕太阳的轨道并不在同一个平面内，而是有一个大约20°左右的交角，因此当地球处于太阳和月球之间时，这三者往往并不在同一条直线上，这时地球的黑影就不会落到月球上。只有当三者恰巧处于同一直线时，才会发生月食现象。

那么，月全食月亮变成红色的原因又是什么呢？原来，这是地球大气使阳光折射而造成的。月全食时，从地球两侧射过来的太阳光被地球大气折射进地球的影子里。折射后形成各种颜色的单色光，其中只有红光容易通过地球大气到达月面，其他颜色的光都被阻挡和吸收了。

古时候，人们不懂得月食发生的科学道理，像害怕日食一样，对月食也心怀恐惧。传说，16世纪初，哥伦布航海到了南美洲的牙买加，与当地的原住民发生了冲突。哥伦布和他的水手被困在一个墙角，断粮断水，情况十分危急。懂得一点天文知识的哥伦布知道这天晚上要发生月全食，就向原住民大喊："再不拿食物来，就不给你们月光！"到了晚上，哥伦布的话应验了，果然没有了月光。原住民见状诚惶诚恐，赶快和哥伦布化干戈为玉帛。

公元前2283年美索不达米亚的月食记录是世界最早的月食记录，其次是中国公元前1136年的月食记录。

月食现象一直推动着人类认识的发展。早在1881年前，中国汉代天文学家张衡就弄清了月食原理。公元前4世纪，亚里士多德从月食时看到的地球影子是圆的而推断，地球是球形的。公元前3世纪的古希腊天文学家阿利斯塔克和公元前2世纪的伊巴谷都提出通过月食测定太阳—地球—月球系统的相对大小。伊巴谷还提出在相距遥远的两个地方同时观测月食，来测量地理经度。2世纪，托勒密利用古代月食记录来研究月球运动，这种方法一直沿用到今天。在火箭和人造地球卫星出现之前，科学家一直通过观测月食来探索地球的大气结构。

随着科学的发展，月食现象已经不那么神秘了，但人类对月球的探索还刚刚开始，不断探索月球的奥秘，人类对月食现象也会有更多的发现。

探秘太阳系未解之谜

月球到底是实心的还是空心的,我们无法用天平去称,也不能用阿基米得浮力定理将其放入海洋中去测量。唯一的办法就是用更为先进的仪器去测量(比如测量共振频率,共振时间持续长短,或用无线电波探测等方法)。

1969年,在"阿波罗"11号探月过程中,当两名宇航员回到指令舱后3小时,"无畏号"登月舱突然失控,坠毁在月球表面。离坠毁点72公里处预先放置的地震仪,记录到了持续15分钟的震荡声。如果月球是实心的,那么这种震波只能持续3～5分钟,欧、美报纸也曾经报道过"月球钟声",说登月舱在首次和以后几次起飞时,宇航员们都听到钟声。那儿并无教堂,月球外壳(特别是月面)像是特种金属制品,整个月球犹如一口特大的铜钟!这一现象证明月球是空心的。

1969年11月20日4点15分,由"阿波罗"12号制造了一次人工月震,其结果充分说明月球是空心的。

美国宇航员以月面为基地设置了高灵敏度的地震仪,通过无线电波能将月震资料发送回地球。设在月面的地震仪十分精密,比在地球上使用的地震仪灵敏度高上百倍,它能测验出人们在月面造成震动的百万分之一的微弱震动,甚至能记录到宇航员在月面上行走的脚步声。人类首次对月球内部进行探测始于"阿波罗"12号,当宇航员乘登月舱返回指令舱时,用登月舱的上升段撞击了月球表面,随即发生了月震。正在进行观测的美国航空航天局的科学家们惊得目瞪口呆:月球"摇晃"震动55分钟以上,而且由月面地震仪记录到的月面"晃动"曲线是从微小的振动开始逐渐变大的。从振动开始到消失,时间长得令人难以置信。振动从开始到强度最大用了七八分钟,然后,振幅逐渐减弱直至消失。这个过程用了大约一个小时,而且"余音袅

△ "阿波罗11号"首次登上月球

袅",经久不绝。

"阿波罗"13号人工月震获得长达3小时的振动。在"阿波罗"12号造成"奇迹"后,"阿波罗"13号随后飞离地球进入月球轨道,宇航员们用无线电遥控飞船的第三级火箭使它撞击月面。当时的撞击相当于爆炸了11吨TNT炸药的实际效果,撞击月面的地点距"阿波罗"12号宇航员设置的地震仪87英里。

月球再次震撼了。如是用地震学上的术语说就是:"月震实测持续3个小时。"月震深度达22英里至25英里,月震直到3小时20分钟后才逐渐结束。这种"月钟"长鸣如果用"月球——宇宙飞船"假说来解释就很自然,这种月震就在预料之中。月球是一个表面覆盖着坚硬外壳的中空球体,如果撞击那个金属质的球壳当然会发生这种形式的振动。

"阿波罗"13号之后,进行月震实验的是"阿波罗"14号的S—4B上升段,仍采用无线电遥控的方式使其撞击月面。月球像预料的那样再次震颤起来。据美国航空航天局的科学报告说,月球对撞击的反应就像一个铜鼓被敲击,振动持续了3个小时,深达月面下22英里至25英里。

这次月震实验的地点距"阿波罗"14号宇航员设置的地震仪108英里。当"阿波罗"14号的宇航员们乘登月舱返回"小鹰"号指令舱时,"月钟"仍在震响,上升段自重2.2吨,当时对月面撞击造成的效果相当于爆炸了0.7吨TNT炸药,振动足足持续了90分钟。美国航空航天局的科学报告说:"设在月面两个地点的地震仪都同时记录到撞击月面一瞬间的震动。不管这次小小的月震是人为的还是自然的，都标志着科学的探测时代已开始了。""阿波罗"15号在14号之后接着又做了人工月震试验。使用的地震仪是"阿波罗"12号、14号和15号的宇航员设在哈德利·亚平宁地区的三台地震仪。"阿波罗"15号制造的月震，最远传到了距撞击地点700英里远的风暴洋。如果用同样的方式在地球上制造地震，地震波只能传播一二公里，也绝不会出现持续一小时之久的振动。这次月震甚至还穿过风暴洋到达设在弗拉·摩洛高地的地震仪。试验表明，地球（地表下由地壳和岩浆组成的实心体）在地震时所发生的反应与月球在月震时的反应完全不同。地震研究所的主任莱萨姆认为，这种长时间振动现象在地球上是绝对不会发生的。这显然是由于地球和月球的内部构造不同造成的。

几次人为的月震试验和根据月震记录分析，都得出了相同的结论：月球内部并不是冷却的坚硬熔岩。科学家们认为，尽管不能得出月球这种奇怪的"震颤"意味着月球内部是完全空心的结论，但可知月球内部至少存在着某些空洞。如果把月震测试仪放置距离再远一些，就可得出月球是否是完全中空的结论。

根据上述事实，前苏联天体物理学家米哈依尔·瓦西里和亚历山大·谢尔巴科夫大胆地提出"月球是空心"的假说。并在《共青团真理报》上指出："月球可能是外星人的产物。15亿年以来，月球一直是外星人的宇航站。月球是空心的，在它的内部存在一个极为先进的文明世界。"如果月球里面确实空心，且有外星人居住，那么月球来到地球旁应比地球晚25到30亿年。但这个结论还有待验证，因为从宇航员由月球上带回来的岩石标本看，又证明岩石中有的是在70亿年前生成的，这比地球和太阳年龄（46亿年）还要古老。因而这种假说似乎不被人们所接受。月球究竟是空心还是实心，还有待于进一步继续研究。